图书在版编目（CIP）数据

我有一个花园 / （捷克）卡雷尔·恰佩克著；
（捷克）约瑟夫·恰佩克，（英）露茜·格罗史密斯
（Lucy Grossmith）绘；曹唯，（捷克）昂杰伊·费舍尔
译. -- 重庆：重庆大学出版社，2020.9
　ISBN 978-7-5689-2052-0

Ⅰ.①我… Ⅱ.①卡…②约…③露…④曹…⑤昂
…Ⅲ.①散文集 – 捷克 – 现代 Ⅳ.①I524.65

中国版本图书馆 CIP 数据核字（2020）第 035190 号

我有一个花园
Wo You Yige Huayuan

[捷克]卡雷尔·恰佩克　著
[捷克]约瑟夫·恰佩克　　[英]露茜·格罗史密斯　绘
曹唯　[捷克]昂杰伊·费舍尔　译

责任编辑　王思楠
责任校对　关德强
责任印制　张　策

重庆大学出版社出版发行
出版人　饶帮华
社址（401331）重庆市沙坪坝区大学城西路 21 号
网址　http://www.cqup.com.cn
印刷　北京利丰雅高长城印刷有限公司

开本：890mm×1240mm　1/24　印张：$5\frac{1}{3}$　字数：122 千
2020 年 9 月第 1 版　2020 年 9 月第 1 次印刷
ISBN 978-7-5689-2052-0　定价：68.00 元

我有一个花园

ZAHRADNÍKŮV ROK

[捷克]卡雷尔·恰佩克 / 著

[捷克]约瑟夫·恰佩克 & [英]露茜·格罗史密斯 / 绘

曹唯 & [捷克]昂杰伊·费舍尔 / 译

重庆大学出版社

目录

代 序

Považuji za velké štěstí, že jsem měl příležitost překládat Čapkův Zahradníkův rok. Oba pocházíme ze severovýchodních Čech, což mi umožnilo lépe pochytit pravý význam Čapkových slov. Severovýchodní Čechy jakoby vtiskly svému lidu určitý nadhled a specifický přístup k všednímu životu, a zahradničení není výjimkou.

Čapek je mistrem popisu detailů každodenního zahradníkova snažení na jeho záhonech na počátku minulého století v Československu. Jeho pravý um je ovšem v nadčasovosti jeho popisů, což čtenářům umožňuje sebeidentifikaci v četných pasážích knihy.

Zahradničení v České republice má svá specifika, která jsou zakořeněná hluboko v historii českého národa. Rád bych vás proto pozval, aby jste alespoň jednou navštívili český venkov či městské zahrady, snad budete pak schopni najít více paralel a doopravdy porozumět hlubokému významu Čapkových slov.

Jsem si jistý, že nehledě na váš původ, budete schopni v knize najít inspiraci pro vaše vlastní zahradničení a mnoho podobností mezi vaším a Čapkovým snažením s rostlinami, půdou či počasím.

Čtěte tuto knihu s lehkým srdcem a snažte se zaměřit na detaily a úspěchy zahradníka, které mu přinášejí pocit štěstí a pýchy. Čapek se snaží ukázat lidem, že pravé životní štěstí může být nalezeno i v činnosti zahradnické, v rýpání se v půdě, ve špinění rukou a kolen a v bolesti v zádech. Výsledky vaší práce vám ovšem přinesou pocit úspěchu.

Ondřej Fišer (Andrew)

有机会翻译捷克作家卡雷尔·恰佩克的《我有一个花园》，对我而言是莫大的荣幸。我们都来自捷克波希米亚东北部，这有助于我更好地把握作家恰佩克话语的真正含义。波希米亚文化以她特有的方式，将捷克东北部人们烙上特定的观念与日常生活的印记，园艺也不例外。恰佩克是一位大师。本书描述一百多年前在捷克斯洛伐克[1]这片土地上，一位园丁在花园里精心培育植物、农作物的日常细节，以拙见真，以小见大。但真正优雅的是他描述的永恒性，读者可以在本书的十二个月份中自行识别。

捷克共和国[2]的园艺特点，深深扎根于捷克民族的历史。因此，我想邀请您至少去访问一次捷克的城镇或者乡村花园，借此找到与书中所述的相似之处，一定能更好地理解恰佩克话语的深刻含义。无论你来自哪里，以怎样的身份，你都将能够在本书中找到自己的园艺灵感，以及你和作家恰佩克在关心植物、土壤或天气等方面产生的一些共鸣。

以轻松的心情阅读本书吧！并尝试去关注园丁的细节与成功，感受他的自豪和欣喜。恰佩兑试图向人们展示，在园丁的日常生活中，就算挖掘土壤使手和膝盖变脏，或者累得腰酸背疼，你也能从中找到真实的幸福。悉心付出，你的成果会带给你单纯的快乐。

昂杰伊·费舍尔

---

1 捷克斯洛伐克（英语：Czechoslovakia；捷克语、斯洛伐克语：Československo）是一九一八年十月二十八日至一九九二年十二月三十一日存在的联邦制国家，原名为捷克斯洛伐克共和国，后更名为捷克斯洛伐克社会主义共和国、捷克斯洛伐克联邦共和国。捷克斯洛伐克位于欧洲中部，面积12.79万平方公里，人口1563.8万（一九八九年），其中捷克人约占64%，斯洛伐克人约占30%，其余为匈牙利人、日耳曼人、波兰人等。——译者注（全书如无特殊说明，均为译者注）

2 一九九三年一月一日，捷克斯洛伐克正式分裂为捷克共和国和斯洛伐克共和国两个国家。捷克共和国（捷克语名称：Českárepublika）以首都布拉格为中心，由波希米亚、摩拉维亚和西里西亚三个部分组成。

如何建造一个小花园

　　建造一个小花园的方法有很多，最好的一种，是找一位园丁来帮忙。他会扦插上各式各样的木棍、小柳条和灌木细枝，好将枫树、山楂树、紫丁香和其他植物固定在土里；接着，他挖土、翻土，再压平松弛的土壤；还会用碎砖、煤渣、碎石子铺出一条小路；在小路的两旁埋上些他称为常绿植物的枯枝；最后，他会撒上草皮种子，如英国黑麦草、狗尾巴草、狐尾草、荞麦和香蒲之类。他还会叮嘱你：每天都要洒洒水，每一寸土地都要洒到；种子发芽破土而出后，要把沙子撒在铺好的小路上。做完这一切，他就离开了，只留下一个光秃秃的褐色园子，好像创世纪的第一天。

人们通常会认为浇水是一件小事，再简单不过。你有水管的话，就更是如此。事实上，你很快就会领教到水管的威力，它像一只未被驯化的危险小兽，一点儿都不听从指挥！光滑的躯体蠕动、蹿跳着，乱喷乱洒，你越想控制它，它就越是挣扎。喷洒出的水花会将四处搞得湿漉漉的，遍地泥泞。接着它会叛逆地把头转向用它浇水的人，先是神不知地缠住双腿，再鬼不觉地爬上腰和脖子；"受害者"和这条蟒蛇搏斗正紧时，它却向上一撅黄铜小嘴，一股脑儿地朝刚换上新窗帘的窗户喷了一大柱水。你用力抓住它的头，尽可能地把它拉直捋顺，这野兽便开始痛苦地哀嚎，先是从水管和水龙头连接处喷出水，再从身体中间的某个地方……第一次使用，至少需要三个人来安抚它。你像是从战场归来，全身湿透，沾满泥巴，甚至耳朵后边也是水和稀泥。至于小花园：一半淹得像洪涝现场，一半旱得如同戈壁沙漠。

如果你每天都这么做，杂草将长满你精心布置的花园。明明种下的是品种优良的草皮种子，为什么杂草会横生呢？这是自然界的秘密之一，我也解释不了。反过来想，为了得到漂亮的草皮，或许我们一开始就应该直接播撒杂草种子。三周以后，你的草坪将被大量藤蔓植物侵占，它们四处蔓生，将根深深地扎进地面一尺之下。如果你想斩草除根，就必须费力地将它们连根带泥彻底拔掉。越是惹人生厌的，生命力越顽强，就是这样。

同时，花园里的碎石小路不知何时掺进了泥土，变成了寸步难行的黏稠泥路。不过经历了杂草和藤蔓的肆虐，你已经可以驾轻就熟地处理花园小路难题了。

为了得到一个心仪的小花园，还是有必要连根拔除草坪上的杂草。当你费尽心力拔完大量杂草，你的小花园又变成一片蓬松的棕色秃地，就像回到创世纪的第一天。只有一些星星点点的绒毛状绿藓，单薄无力，好像一口气就能被吹散。毫无疑问，这就是你梦寐以求的可爱草皮了！你兴奋地踮起脚尖，绕着它们走，赶开多嘴的麻雀；当你凝视这零星的嫩绿绒毛，满心欢喜时，白玉兰和红色加仑也悄无声息地长出了它们的第一片小叶子。你在心里欢呼着、雀跃着，美好的春天已经降临了！

从此，你看待事情的心态也变了。下雨了，你会觉得雨是为你的小花园而下；太阳出来了，也绝不是普通的晴天，而是为了给你的小花园带去阳光；晚上，你会开心地看到小花园终于可以休息了。

某天，你一睁开眼睛，就会发现小花园里全是绿色。柔顺的草皮上露水闪闪发光；粉色的玫瑰花苞在灌木丛中探出脑袋争俏，晨光不吝啬爱意，将它映照成淡淡的紫色；树枝向着太阳伸展着肢体，变得粗壮了些；树荫下的空气里有潮湿腐烂的植物气息。你仿佛忘记了那些日子——光秃秃的褐色园子，轻飘飘的绿绒毛，第一对萌发的嫩叶，第一朵花的开放。你将不再记得刚建成的花园小径是怎样泥泞。你朝思暮想的小花园，真的初具规模了。

好吧，有件事我依然要提醒你：在没有达到理想状态之前，你还是要天天浇水、拔草，将土里的小石头一颗颗挑出来，铺到你的花园小路上。

园丁是如何诞生的

　　要成为一名真正的园丁，并不如我们通常所想象的那样，对有关种子、发芽、鳞茎、块茎和剪枝等知识倒背如流就可以。一位真正的园丁并非出自书本理论，而是通过大量的实践，积攒经验，认识环境，在对自然的反复摸索中逐渐成长起来的。

　　小时候，我对父亲的花园不甚友好甚至会恶意破坏。因为父亲总是禁止我踩踏苗床或采摘未成熟的水果。这就像在伊甸园的亚当，偷食了禁果，被上帝惩罚，便不能跨越雷池，不允许偷摘未成熟的智慧树果实。后来的亚当——就像小时候的我——因为采摘了禁果而被驱逐出伊甸园。从那时起，智慧树的果实就再也没有成熟过。

　　人们看到花儿开放，就想摘下它送给美丽的女孩儿，讨她的欢心。但多数人们并不真正理解，一朵花儿开放的背后是一整个冬天的劳作，是松土、施肥、浇水、移植、分枝、扦插、除草、除虫、修剪、捆扎等一系列工程。培植幼芽的花圃里，男孩女孩却在嬉戏打闹，破坏花土。他们在享受生活中的成果，但并没有成长，甚至缺乏教养。从某种角度来讲，一个人需要到一定的年龄，具有了某种成熟度和慈悲心，并且在拥有一座属于自己的小花园后，才能成为一名业余园丁。

　　通常情况下，普通家庭在一开始都会找一位职业园丁来帮助他们建造花园。等园丁把一切都布置好后，他们只需要付出简单的体力劳动，就可以坐享其成。可是总有一天，你会亲手种下一株小花。为了这株小花，你的手指会被刺破，泥巴中的一些细菌会进入皮肤，引起感染、发炎。你却因此欢欣鼓舞，对园艺前所未有的热情被激起了，你越来越热衷于扮演园丁的角色。尽管只是手指的一小部分发炎，你却如突然捕获了某种猎物。说不定有一天，你会被邻居的花园打动，看到他的剪秋罗开得满园都是，你会暗自嫉妒并不服气地说："为什么我园子里的花都没有开得这般好？不行！一定是哪里没有弄对！我的花必须要开得更好！"从那时起，你便满怀斗志地投入了园丁事业，在失败的刺激与初获成功的喜悦中辗转反侧，越陷越深。对各类植物习性了解越多，你身体中的收藏欲也越发按捺不住，你想把从 A（Acaena 无瓣蔷薇）到 Z（Zauschneria 蟹爪兰）的植物统统种进你的花园！但那是不现实的。渐渐地，你发展出某种专属偏好，从一个正常的人转变成一个"玫瑰专家""大丽花迷"或者其他什么植物的忠粉。你充满了园艺的想象力与热情，不断地重新分配、改造和重建花园，按颜色或

者是属性等标准不断地改变植物们的位置，形成新的风格，像个永远不知疲倦也不懂满足的艺术家，一心追求更高的审美层次。没有人应该认为真正的园艺是笔头上的田园诗和冥想活动，在不断重新编排、重新布置；也没有人一开始就意识到自己会越陷越深——为了满足那种永远无法被填充完满的创造激情，你总会想要做得更多，而淡忘其他一切。

我也会教你，如何识别一个人是否是真正的园丁。"你必须来我这儿看看，"他说，"让我带你参观我的花园。"如果你为了让他开心，真的去了他家，你会发现，多年生长的植物埋没了他的整个身影，只留下臀部在常青植物中隐隐约约地晃动。"稍等，"他别过头对你说，"我种好这一株就行了。""希望我没有打扰你。"你友好地回复他。过了一段时间，终于完工了，他起身，伸向你的是沾满泥巴的手。"进来看看，尽管这是一个小花园，但是……等我一下，"他说着，弯下身去，拔掉了花圃边的几根杂草，"过来吧，我的朋友，来看看我种的康乃馨！仔细瞧啊……啊呀，我

忘了翻土了！"他的身影又被茂盛的植物埋没了。过了足足十五分钟，才又起身跟你搭起话来，"嗨！我来给你介绍我骄傲的威式风铃草，这可是出了名的高贵啊！怎么样……唉？我得把这株飞燕草绑一下！"又不知过了多久，他好像突然记起什么，笑眯眯地说："朋友，你是来看我的太阳花对吧，你看……哇，等等，我得挪挪这株紫苑，放在这里会挤着它的！"听完他这些话，你踮着脚尖轻轻离去了，不想惊动陶醉在心爱小花园里的老园丁朋友，他的臀部依然在常绿植物里忽隐忽现。

如果你再见到他，他又会笑嘻嘻地告诉你："你一定要来我这儿看看新种的玫瑰！新品种！我保证你没见过！现在玫瑰开花了，你会来的吧？对吧？你一定会来的！"

嗯，很好，我们这就去看看一个真正的园丁是如何度过他的一年的。

园丁的一月

　　"即使是一月份，园丁也决不会闲着没事可做。"所有的园艺手册都会这么明白地告诉你。一月里，园丁最主要的任务就是关心与天气相关的植物培育工作。

　　天气是个难以捉摸的奇怪家伙，脾气很古怪。气温总是偏离正常速度升降，从未符合过一百年来的标准，不是高 5 ℃，就是低 5 ℃；降雨量不是低于标准 10 毫米，就是高于标准 20 毫米，如果不是太干燥，就是不可避免地太潮湿。

　　连不太受天气影响的人，抱怨天气的理由都如此之多，园丁就更有一大堆了！落在地上的雪太少，他会抱怨说，这下的是哪门子的雪？如果降雪过多，会压坏针叶树和冬青树；如果一点儿雪都没下，他又会担忧破坏性极强的黑霜对植物造成威胁。冰雪融化时，他诅咒伴随解冻而来的狂风，它横冲直撞，八方肆虐，心狠手辣地将花园百般摧残，留下遍地残枝苟且偷生。如果太阳胆敢在一月里不知好歹地露脸，园丁又会抓耳挠腮，生怕灌木丛会过早地开始抽新芽；若是一月里下起了雨，园丁会心疼它那来自阿尔卑斯山的仙女小花儿；要是久旱不雨，园丁又会担心他娇弱的杜鹃花。要想满足园丁并不难，如果从一月的第一天到最后一天气温始终维持在 -0.9 ℃，降雪量维持在 127 毫米（最好是轻盈会跳舞的小雪花儿），对他来说就已经足够了。天上多云，能够遮住直射下来的太阳光，地上没

有西风，或只有微风……一切都安详宁静。但实际上，没有人关心我们的园丁，也没有人告诉我们该怎么做。

　　黑霜来临的时候，园丁感觉最糟糕。整个大地都仿佛被冻结，连骨头都僵硬了。昏暗日复一日，园丁一面担忧他那些埋藏在硬土里，冻得如石头般的树根，一面牵挂他那在寒风中瑟瑟发抖的树枝和木心，还心疼着那些去年秋天才刚长好现在又被冻僵的块茎。我宁愿脱下自己的外套给冬青树披着；把裤子给松树套上；为了娇柔的杜鹃花，我愿意奉献我的衬衫；波斯菊，我会用帽子盖住你（应该是某种费多拉帽[1]）；金鸡菊，我只剩下袜子了。你们心存感激地接受我的衣物好不好？

---

1 费多拉帽是一种帽顶很低并有纵长折痕且侧面帽檐可卷起或不卷起的软毡帽。在 20 世纪初，它还只是女式帽，到了 20 世纪 20 年代，随着上流社会男士服饰的流行，逐渐成为男士新宠。

和天气对抗并让其发生变化，园丁有各种各样的办法。例如，一旦我决定穿上那件最保暖的衣服，温度就可能上升；一群朋友决定了上山滑雪，太阳便会冒出头来把雪都晒化。如果有人在报纸上写文章，描述人们在冰上嬉戏，脸蛋被冻得通红，但在闲暇时读到这篇文章，天气就会暖和起来，温度计显示已经是 8 ℃。读者会说报纸上全是谎言和诡计，应该下地狱。相反，说脏话，抱怨、诅咒、打喷嚏时发出长长的"啊啾"声……并不能让天气有任何的变化。

能让园丁在一月份也马不停蹄忙碌的绿色植物，就是温室里的花朵了。为了使这些娇弱的花朵顺利开放，温室里的空气要足够潮湿，有水汽才能保持温暖。如果干燥得一丝水分也没有，针叶树都会停止生长，更不用说那些花儿了。此外，你会发现没关严的窗户边长着活力旺盛的冰花，它们甚至会朝风吹来的方向生长。这就是为什么穷人家的冰花会开得比富人家的更动人，因为富人家的窗户总是关得更严实。

从植物学角度来看，冰花其实不是花，不过是叶子罢了。这些叶子类似雏菊、香芹，也和旱芹长得很像，有些则像朝鲜蓟、大翅蓟、刺芹蓟、蓝刺头等蓟类植物；从外形上分，它们有刺针状、管状、蛹状、锯齿状、冠毛状、羽毛状、音符状、雪花状、爪子状、刀状……不管它们是与真蕨纲类似还是与棕榈叶类似，反正都不会开花。

就像园艺手册里所说的那样：即使是一月份，园丁也不会闲着什么都不做。这当然是一种安慰，最重要的是园丁们可以趁万物冬眠的时候开展他的松土工作。据说霜冻会把土地冻裂，干扰植物生长，因此，新年一来临，园丁就会冲进园子里忙碌。他把铲子深深插进冰冻的土壤，用力翻腾搅动，上下挥舞，一番混战后手柄终于断了。于是他会继续用锄头试一试，这一次他吸取了教训变得小心翼翼，生怕再弄坏一件工具，或是破坏郁金香的鳞茎。其实，最好的松土工具是凿子和锤子，只是这会把松土变成一件细活儿，还很漫长，很快就会让人无聊烦闷。也许可以试着用炸药将冻结的土壤一下子炸松，但园丁通常不会这么做。好吧，就让我们耐心地等待天气转暖万物复苏吧！

看，等天气稍微转暖和些了，园丁又忍不住冲进花园里松土。过了好一阵，他会把所有工具连泥带土地带回到家中，鞋上还沾着白霜，脸上却挂满喜悦，笑着说大地就快要睡醒了。同时唯一能做的就是——"抓紧时间做好下一季的各种准备工作"。

"如果地窖里还有干燥的地方，就可以准备花盆和黏土了，用腐叶土、堆肥、腐烂的牛粪，再加上一些沙子。"太棒了！可是，地窖里堆满了过冬用的煤堆，女人们笨拙的家居用品占据着大部分空间，没有多余的地方了。园丁转念一想，卧室里有足够的空间存放这么好的腐殖土呢（当然，老伴是不会同意的）。

"利用冬季这段时间修复花园里的凉亭、拱门或者是避暑间。"这倒是不假，但我的花园里没有凉亭、拱门和避暑间。"即使在一月里，也能种一片草皮，但要种在哪里呢？门厅，或是地上都可以。""你要特别留意温室里的温度。"是的，我很乐于关注温度的变化，但我没有温室。这些内容的细节，园艺手册中也没有说呢。

现在，除了等待还是等待！哦，我的神，一月怎么会如此漫长难熬！如果二月已经到来的话……

"二月里我们就可以在花园中干些粗活吗？"

"那可不是，说不定我们得一直干到三月。"

此时，没有人告诉他们，番红花和迎春花已经悄悄探出头，正在偷听他们的对话呢！

种子

有些人说，应该加一些木炭，有人反对；有些人推荐一种河沙，听说里面含有铁质；还有人推荐清溪沙，还可以搭配些泥炭或者锯木屑……总之，为种子准备土壤是一门值得深究的学问，或者说像巫师的仪式那样不可思议。可以在土壤中添加一些大理石粉末（但是在哪里能找到它呢？），或者加入三岁小牛的粪便（这里就更说不清了，该是三岁母牛的粪便？还是三岁公牛的粪便？），再加一把鼹鼠窝门口的小丘泥土，再掺进一把用旧皮靴子捣碎的石膏，或是易北河[1]的沙子（绝不能是伏尔塔瓦河[2]的沙子），又或是三年的温床土，含有金色洋齿植物的腐殖土，还有取自上吊而死的处女坟上的一把土，所有的东西都应该充满仪式感地搅拌均匀（园艺手册上并没有注明是在新月、满月还是在沃普尔吉斯之夜[3]进行），然后将这些神秘的土壤倒进花盆（花盆必须提前在阳光下曝晒三年，底部放置烧裂的碎陶片和木炭。当然，一些权威人士会反对这种操作方法）。当你费尽心力地完成了一百个这样南辕北辙的步骤之后，你才可以进入核心的步骤，即播种。

---

1 中欧的主要航运河道，发源于捷克和波兰交界的苏台德山脉，流经捷克、德国境内后汇入北海。

2 捷克最长的河流，发源于波希米亚森林，自南向北流经南波希米亚州、中波希米亚州和布拉格后注入易北河。

3 广泛流行于欧洲中部和北部的传统庆祝活动，庆祝英国传教士圣·沃尔普加于公元八七〇年五月一日加入圣徒之列。庆典于每年四月三十日或五月一日举行，举行篝火晚会和舞蹈演出。

有些种子与鼻烟非常相似，有的细小得像淡金色的沙子，也有的像发光的黑褐色无腿跳蚤；有一些像硬币一样扁平，有些是球形，还有一些如针一样细长；有的长了翅膀，还有的有刺，也有全身光滑和全身毛茸茸的；有些像蟑螂一样大，有些小得像太阳光中的微粒。说真的，生活很复杂，物种个个都不同，每个都奇怪。这个毛茸茸的怪物应该会长成一株干燥瘦弱的小蓟，而那个黄色微粒，据说会生出肥硕的子叶。我会怎么看呢？反正我是不信的。

那么现在，你准备好播种了吗？把花盆浸到温暖的水里，用玻璃罩盖住了吗？关上朝阳的窗户，房间里的温床就能保持在 40℃。好，现在开始一项让每个播种者都热血沸腾的活动——那就是，等待。满身是汗，大衣脱掉，背心也脱掉。播种者屏住呼吸，弯腰蹲在地上，静心凝望着花盆——幼苗可能生长出来的地方，想象着它们如何开始成长。

第一天，什么都没有发生。焦虑的等待让人辗转反侧（从床的一边滚到另一边），迫不及待地想看到黎明的降临。

第二天，神秘的土壤上隐隐长出一小撮绿色的霉菌，等待者喜出望外，这是花盆里第一个生命的印记呢。

第三天，土里多了一条长长的白色的腿，并且疯狂地生长着。等候的人兴奋地叫着："就是它！我的小生命！"他像侍卫般守护着这株幼苗，照顾得无微不至。

第四天，幼苗的长势如雨后春笋般势不可当，等待的人有点不安了，只怕这是一株杂草，而不是种子发出的幼芽。很快他就会发现自己的担忧是对的，第一株在花盆里疯狂生长的植物，通常就是纤细修长的杂草。也许，这就是大自然的规律吧。

第八天，或者之后的某天，在某个神秘且无法控制的时刻（没有人注意到具体是哪个时刻），最上层的一小块土被悄悄地推到了一边，第一株幼苗破土而出，呆呆地望着这个世界。我以前一直认为，草本植物发芽后，会像马铃薯根茎的芽一样向上生长，或是从种子头部向上生长。可我告诉你，事实并非如此。几乎每种植物都从种子底部长出来，新芽顶着种皮，像戴着一顶帽子。你可以想象一下，一个孩子用头顶着妈妈长大的样子。这就是奇妙的大自然规律，而这种生长规律我们几乎可以在每一株小幼苗身上看到。它举起种皮时像极了举重运动员无所畏惧地举起哑铃，像肌肉发达的人举起手臂展示二头肌。直到有一天，幼芽抛开了一直顶着的、被抬高的种皮，裸露出细嫩的、晶莹的、怯生生的身体，顶部是两片滑稽的叶子。在这两片小小的叶子之间，日后会发生更多有趣的事。

但是以后会发生什么，我现在还不想告诉你，或者说，这是不能用只言片语描述清楚的。我们现在所能看到的，是一根苍白的茎上两片不起眼的小叶子，它所蕴含的生命能量，却是无穷的，每种植物都有自己独特的样子——我究竟想说什么？这其中的秘密，只可意会，不可言传。生命的复杂奇妙，远远超出我们任何人的想象。

园丁的二月

　　到了二月，园丁会继续一月的工作。比起种植培育来说，他尤其关心这个月的天气。要知道，二月可是一个危险的月份，有能够威胁花园的黑霜、小阳春、湿气、干旱和大风。这是一年中最短的一个月，也是让人伤神恼火的一个月，园丁们要多多提防。白天，它会怂恿枝芽从灌木丛中探出头来，到了夜间却又无情地冻伤它们，就像有人一只手在安抚你，另一只手却掐住了你的鼻子。只有魔鬼才会知道，为什么闰年里多出来的一天会被加到这个危机重重、脾气古怪、让人忧虑的月份里。多出来的这一天难道不应该被添加到阳光明媚的五月吗？这样，美好的五月就会有三十二天了。那么，我们园丁应该如何应对愚蠢的二月呢？

二月还有一项重要的季节性工作，即捕捉春天的第一个信号。园丁才不会相信报纸上的说辞，什么第一只金龟子或蝴蝶出现，就意味着春天的到来。首先，金龟子出现和春天一点儿关系都没有。他见到的第一只蝴蝶，多半是去年没来得及死去的最后一只。园丁们捕捉春天的第一个信号，通常用以下的方法最为可靠：

第一，番红花的尖头坚挺，像鼓足了气，如同长矛的尖端。尖刺突然爆裂（可惜这一瞬间还没有人亲眼看见过），抽出几片绿色的新叶，就是春天到来的第一个信号。

第二，邮递员带来了新一期园艺商品邮购目录。虽然园丁们对其中内容已经心知肚明（从无瓣蔷薇、蕉衣荆和线叶蓟、欧蓍草，到毛茛、荠苠和侧金盏花，每种植物的名字园丁都可以倒背如流），但他还是会从无瓣蔷薇读到蓝花参或君子兰。考虑到现在天公不作美，在经历内心的一番挣扎后，在目录中筛选出他需要额外订购的植物。

第三，迎春花是春天的另一个使者，它们的开放昭示着春天的来临。先从土壤中冒出绿

色的尖头，后来这新芽分裂成两片厚实的子叶，再循序生长。到了二月，花朵便开始盛放。告诉你们吧，无论是挺拔的棕榈树、智慧树，还是名扬海外的月桂树，都比不上迎春花那苍白美丽的花萼和纤弱的花枝在风中摇曳生姿。

第四，从邻居那里你也可以捕捉到春天的信息。看到他们扛着铲子、锄头、树枝剪和皮绳、水桶、各种各样的肥料以及树木的防护涂料冲进花园，经验丰富的老园丁就会意识到，

春天来了。于是，他换上旧裤子，扛起自家的铲子和锄头朝花园冲去，好让他的邻居们更坚信春天的脚步近了。接下来，他们就会靠着篱笆，好好地把这个振奋人心的消息再谈论一番。

此时大地已经复苏，但仍然不见绿叶，到处还是光秃秃的荒凉景象。然而现在正是开始做翻地、松土、施肥和挖排水沟等工作的时候。

园丁发现他的土壤不是太硬就是太黏，要么含沙太多，要么酸性太强或者太干燥……总之他现在有满腔热情去改变这一切。虽然有数以千计的方法可以改善土壤，他却总是无从下手。家在城里的园丁，要弄到以下改善土壤的材料，真不是件容易的事：鸽子粪、榉木叶、腐熟的牛粪和马粪、陈年的泥煤和泥灰、腐烂的草泥、鼹鼠洞口小丘上风化的泥块、掉落的树皮、河沙、沼泽泥、塘泥、戈壁上的土块、木炭、草木灰、磨碎的骨粉、动物角的粉末、腐臭的液态肥、石灰、苔藓、残枝以及其他富含生机和养分的物质，这还没算那些上等的氮、镁、磷酸盐和其他肥料。

很多时候，园丁都想好好地收集、整理这些宝贵的材料、养分和土壤，再将它们混合起来。但这样操作，花园里就没有更多的空间留给花花草草了。所以他只能将计就计，利用眼下的条件尽可能地改善土质：他在厨房中找寻蛋壳、从垃圾桶里捡出吃剩的骨头、保留剪下来的指甲、从烟囱里扫出煤烟灰、搜刮水槽里的细沙、跑到大街上用手杖扎马粪带回家……

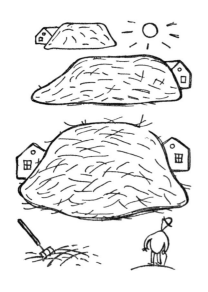

然后满怀期待地把这些宝贝埋在泥土里。这些既有营养又不会烧苗的好东西，可不就是上等的肥料嘛！在园丁看来，世界上的事物只分两种，适于混合在土壤里的和不适合做肥料的。有时候羞耻心会阻挠新手园丁在街上收集马粪，但他们在街上看到一坨漂亮完整的粪便时，还是会忍不住连连叹息，多么好的肥料啊，不

捡起来简直是浪费上帝的恩赐。

你能想象住在农村的园丁门前堆得像小山一样的肥料吗？我知道，现在有各式各样装在铁皮罐子里的粉末，不管是什么盐、浓缩肥、矿物质或者骨粉，只要你叫得上名字的，都可以买到；你可以将细菌注入土壤，然后像一个穿着白大褂的药剂师那样培育它……城里的园丁可以想怎么干就怎么干。只是，你能想象农夫门前有的是成堆肥沃的黄色粪便吗？

我要提醒你一句：迎春花已经开放了，怒放的金缕梅伸出嫩黄色的花蕊，二月蓝也有了饱满丰润的花苞……请屏息凝神地仔细观察，你会发现花园里不知何时到处都是嫩芽和花苞，成千上万个新鲜生命正在孕育它们的土壤里萌动。

园丁早已按捺不住，不能再等了！园丁的体内也仿佛注入了新鲜的血液，准备大干一场！

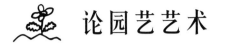# 论园艺艺术

　　如果我只是远远地看着园丁在花园里劳作的话，我一定会以为那是一份轻松惬意的工作：他们在照顾花朵的同时，还可以听到鸟儿的歌唱。然而当我走近，仔细观察他们的日常工作时，我才明白，一位真正的园丁与其说是在照顾花朵，不如说是在照顾土壤。甚至，园丁会自己钻进土里面，留下无所事事的我们，不知所措。园丁是生活在土地之上，用一堆堆肥料为自己建立纪念碑的人。如果他走进伊甸园，一定会深深地呼吸那里的空气，感叹地说："天呐，这儿可都是腐殖土啊！"他会忘记偷吃让人分辨善恶的智慧树之果，一心只想着如何从上帝这里弄到一桶天堂的腐殖土；或者他会只顾着俯下身子给智慧树旁边的花圃翻土施肥，根本就没看到头上悬挂着的果子。"亚当，你在哪里？"上帝喊道。"马上，"园丁头也不抬地回答，"现在我没空。"他一直在摆弄他的花圃。

如果园丁早早通过物竞天择的达尔文进化论演化至今，那么他很可能发展成某种无脊椎动物。毕竟，园丁要脊背干什么呢？最多是让他直起身子说一句"我的背好疼！"罢了。至于腿，他可以用许多种方式把它们叠起来，可以蹲下，膝盖跪地，或者干脆把它们放在脖子后面。手指则是用来挖坑的好工具，手掌可以拍碎小土块或者拨开腐殖质。他根本没有机会去挺直脊背，就像土里的蚯蚓一样。园丁常用的姿势是脊背朝上，手脚耷拉下来，头藏在两膝之中，活像只正在放牧吃草的母马。园丁可不是只知道搔首弄姿给自己增高的人，相反，你会看到他努力将自己的身体团起来，屁股靠近地面，蹲下。在花园里，你很少能看到他有超过一米高的时候。

改良土壤一方面要靠挖土、锄土、翻土、培土、松土、拍土、扒土等不同的手法，另一方面也要靠原料。没有哪种布丁的制作方法比准备上好的土壤更复杂。据我的了解，你得混合粪便、鸟粪、腐枝烂叶、草皮土、耕种土、细沙子、稻草屑、石灰粉、钾盐镁矾、婴儿爽身粉、硝石、磷酸盐、马粪、羊粪、草木灰、泥煤、堆肥、清水、腐熟啤酒、寄居蟹碎壳、烧过的火柴棒、猫的尸体以及其他必需材料，把它们掺入花园土里，均匀搅拌。园丁可不是随便闻闻玫瑰花香就可以的，他得在心里时刻盘算着"这些土里还得加些石灰"，或者"那些土里还要多加点沙"。

园艺在某种程度上来说是一门科学。今天，一个女孩不应该只会唱："玫瑰花盛开在我的窗前。"她也要会唱："硝酸钾、橡木灰

和牛粪堆在我的窗前。"所以说，玫瑰的绽放只是给业余爱好者观赏的，而园丁的快乐深植于充满腐殖质的土壤。他死后不会因为吸了太多花香变成蝴蝶，只会变成一只享受黑暗的蚯蚓，啃食着略带苦味的泥土。

一旦春天来临，园丁就会不由自主地待在花园里。只要他一吃过饭，放下手中的汤勺，就会去埋头苦干，不知疲惫。在花园里，他一会儿把土块细细捏碎，一会又把去年堆好的珍贵肥料往植物根部堆一堆，顺手拔掉杂草，捡起多余的小石子。这会儿才看到他在翻弄草莓苗下面的泥土，过会儿又看到他弯着身子观察莴苣的幼苗，你看，他的鼻子都快要贴到地面了。和煦的春风从他头顶掠过，温暖的太阳正晒着他的后背，大朵的白云也在天空飘荡。樱

桃花蕾嫣然开放，杜鹃鸟像傻瓜一样尖叫……这时园丁直起身，在胸前画个十字架，略带忧郁地说："等秋天一到，这块苗圃还要继续增肥，再多撒点沙子。"

日光强烈的某个下午，花园要接受圣水的洗礼，园丁挺直了他的脊背。只见他站立在花园苗圃当中，高贵肃穆。他控制水流，刹那间银光四溅，松软的土地散发出湿润的泥土气息，每一片叶子都是闪闪发光的绿色，闪耀着高雅的光芒，让人忍不住想要吃了它。"现在足够了，"园丁低声说道，他不是说长出娇嫩花蕾的樱桃，也不是说洋红色的茶叶，而是说脚下的棕色土壤。

当落日西沉，终于可以收工的时候，他则心满意足地说道："今天可真累坏了！"

◎ 园丁的三月

如果我们依据常识和传统经验来描述园丁的三月，尤其需要先分清两件事：

一、园丁应该做什么？他又希望得到什么？

二、园丁实际上能做到的最好的状况是什么？

园丁心里一直清楚自己所梦想的生活是什么样子的：他只是单纯地想锄锄地，松松土，闲来无事给花修剪一下枝叶，浇些水并加点肥料，挖一条灌溉水渠，拔掉地里的杂草，打扫一下园子，挥手斥走麻雀和野鸟，趴在地上轻轻嗅着泥土的芬芳，用手指小心翼翼地挖出幼芽，看到迎春花长出花骨朵儿便欢呼雀跃，干完活伸手擦一擦额头上的汗，挺直腰板，狼吞虎咽地吃一顿美餐，在田埂上抱着铲子睡个午觉，清晨在云雀的歌声里起床，感谢今天有个晴朗的天空，轻轻地抚摸刚破土的小苗，摩挲着这些天因在花园里干活磨出的茧子和水泡，并且希望自己以后能够一直这样过着如此充实的园丁生活。

可现实生活并没有园丁的想象那么美好，泥土像铅块一样铲都铲不动，甚至被冻成了硬邦邦的冰块。有时候一下雪，积雪覆盖了整个花园，园丁就像是一头被关在笼子里的狮子，开始变得焦躁不安。他被冻得瑟瑟发抖，在炉子旁烤火，突然想到一会儿还要去看牙医，还要去法庭上受审，七大姑八大姨还要来家里做客，他就更烦了。为什么每天都有这些麻烦事？三月可是花园里最忙的一个月，为了迎接春天的到来，园丁必须得珍惜这一个月的时间，好好准备。

对，园丁很清楚我们张口就来的那些形容词究竟意味着什么，例如"无情的冬天""猛烈的北风""像灾难一样的霜冻"，等等。他们还有更诗意的表达方式，说今年的冬天真混账、被诅咒了、讨厌、简直是该死的恶魔。与诗人相反，他不仅诅咒北风，还憎恶东风，对于寒冷的暴风雪反倒带有一丝怜悯，骂得没那么狠。他们更加喜欢使用戏剧化的表达方式，例如"冬天正在苦苦地抵御春天的围攻"，在这场斗争中，他们感到羞愧，因为根本帮不了春天，自己也无法击败暴虐的冬天。如果可以用锄头或铁锹、步枪或斧子攻击冬天这个"暴君"，他们肯定会毫不犹豫地高举旗帜、喊着口号、穿上军装扛着枪就奔赴战场。但他们什么都做不了，只能每天晚上蹲在收音机旁边听国家气象台最新发布的天气预报。一边看还一边骂着斯堪的纳维亚半岛上方的高气压，或者是来自冰岛的寒风，因为我们伟大的园丁都知道这寒流是从哪里来的。

对于园丁来说，那些流传很久的谚语是很有用的。我们都说在圣马帖依日（二月二十四日）那天，冰才开始融化；如果没有的话，那在天堂上的木匠圣约瑟夫[1]会在三月十九日拿起他的锤子把冰砸碎。我们相信在三月里，所有人都在火炉子旁边取暖，也相信三个冰人[2]的存在；相信春分的晚上和白天会变得一样长；也相信七月八日那天如果下雨，就会连续下上四十天。很明显，从古到今，人们应对恶劣天气的方法越来越多。还有一些比如"在五月的第一天，屋顶的积雪就开始化了"，"在圣桌玻穆日[3]（五月十六日），你的手和鼻子都会被冻坏"，"在圣彼得和圣保罗日（六月二十九日），大家都会披上披肩"，"在圣西里尔和圣多美德日[4]（七月五日）冷水会结冰，以及在圣瓦茨拉夫日[5]（九月二十八日），前一个冬天刚刚结束，下一个寒冬又来临了"。当你听到这些谚语的时候不要太惊讶，它们大部分都是关于恶劣天气的。不过你也要记得，虽然园丁在天气方面有很多不愉快的经历，但是每一年的冬天他们又都在期盼着渴望着春天的到来。这真的是一个活生生的例子啊，证明人类一直是不可救药的乐观主义者。

1 《圣经·新约》记载中耶稣的养父，职业为木匠。圣约瑟夫日为三月十九日。

2 五月十二、十三、十四日在捷克语中以人名命名，那几天的气温仍有可能降至零下，因此说这三天是三个冰人。

3 桌玻穆是捷克共和国的一位民族圣人，因殉道被天主教封为圣人。

4 圣西里尔和圣多美德是东罗马帝国的著名传教士，两人在传播基督教正教的同时，为西里尔字母的发明做出了巨大贡献，因此被天主教会和东正教会封为圣人。

5 指的是瓦茨拉夫一世，为普热米斯尔王朝的波希米亚公爵，以殉教者和圣人的身份而死，因此称为"圣瓦茨拉夫"。

那些总跟园丁在一起玩的人，大部分都喜欢回忆过去。他们都是老人，记性还不大好。每当天气稍微好一点点，他们就会说我活了这么多年也没见过这么热的春天，"我记得六十年前的圣约瑟夫日，我们出门还得坐雪橇。"等到天气一变冷，他们又咬着牙肯定自己从没有见过这么冷的春天，"六十年前的今天，我敢肯定，那时候的天气啊，特别暖和，阳光晒得暖洋洋的，紫罗兰花都开了。"总而言之，从这些喜欢回忆过去的老人的话语中，我们也能知道：天气变化多端，真的太难捉摸了，我们拿它一点办法都没有。

是的，我们无能为力，就算是到了三月中旬，冰冻的花园仍然被冰雪覆盖着。主啊，主啊，请对园丁的花朵们仁慈一点吧。

我没办法向你解释园丁们都是怎么认出对方的，听说园丁们能够清楚地闻到彼此身上的味道，就好像某种密码或某种秘密手势。但事实是，一旦他们在剧院的大厅，或是餐厅，或是牙医的候诊室里遇到了，他们说的第一句话就是关于天气的（"不，先生，我根本不记得这样的春天"），之后，他们又开始聊荷兰百合啊、大丽菊啊或者湿度问题（"该死的东西，它实际上叫什么，我还是送你一盆球茎吧"）。然后他们就开始聊草莓苗怎么栽种、园艺经验、去年冬天的害虫等问题。从表面来看，他们只是戏院里两个一边抽烟一边闲聊的男人，而在骨子里，他们是两个手里拿着铲子和水桶的园丁。

如果钟表停摆，你会拆下它看看，送去钟表匠那里；如果车熄火了，你会抬起发动机前盖，动手摸摸，再打电话给修理工。在这世界上，所有的事情都可以改进和修补，唯独天气无法改变。不管你怀揣着多么大的热情和野心，有再多的关心和诅咒，只要是跟天气有关的事，都无能为力。谁能跟老天爷过不去呢？在这里，你可以谦卑地认识到人类的无力；也会明白，耐心是智慧之母。除此之外，我们什么都做不了。

含苞待放

这株连翘我早就种下了。今天，三月三十日，上午 10 点整，它终于开出了第一朵小花。新蕾像一颗金色的小豆荚，我盯着它看了整整三天，见证了这一历史性的时刻。在小花快要盛开的时候，我一直密切观察天气的变化，看有没有要下雨的迹象。明天之后，连翘纤细的枝条上将长满金色的小星星，并持续很久。最重要的是，在人们注意到之前，紫丁香迫不及待了，纤细娇弱的小叶子早已长出。醋栗也打开了自己的 V 字形的环状"衣襟"。而其他的小树和灌木，却依然在等待某个时刻，那个所有花苞、嫩芽同时绽开的时刻，那个来自天空和大地的一声命令"就是现在！"的时刻。没错。那个时刻一定会来的！

我们所谓的"嫩芽抽新"既是"自然过程"，又是必经，和同为自然过程的"凋零腐朽"不同。从没有人会把威武的行军同衰败联系在一起。就如一位真正的音乐家，他会写一首《嫩芽进行曲》，但绝不会为腐叶写什么曲子。在《嫩芽进行曲》中，紫丁香军团在欢快的前奏里分散着向前跑去；而红莓小分队紧随其后；然后你会看到梨和苹果的嫩芽踢着正步，在菊苣和小草的抚琴伴奏下整齐入场；最后是全体嫩芽军团气宇轩昂地在管弦乐队的伴奏下大步向前：一、二、一、二……多么整齐又威武的行军队伍！

人们都说在春天里，整个大自然变成了绿色，这并不完全正确。有的嫩苗由紫色变成红色，最后变成暗红和暗紫色；有的还会变成褐色和黑色；有的像雌兔子身上的毛，变成乳白色，也有紫色、金色，或者像旧皮革一样的深褐色。有的嫩芽看起来像蕾丝；有的长得像手指或者舌头；有的就像皮肤上的疙瘩；有的浑身长满了绒毛，跟刚出生的小狗一样；有的很快就长成枝条了；还有的像松鼠的尾巴一样蓬蓬的……告诉你们吧！幼苗和叶子、花朵一样可以带给人们喜悦，只是人们没有静下心来仔细观察。如果想要体验一下，就必须到一个小地方。就算我去贝涅修弗[1]观察，我敢肯定，也不会看到比我花园里更多的景色。人们必须静下心来，耐心地去观察，才能看到那美妙的景象。那是多么顽强的蓬勃向上的生命力啊，在这春天一下子迸发出来，让人忍不住想要温柔轻抚，生出保护的欲望。如果趴下来仔细听，还可以听到从一片嫩芽中传来连绵不绝的轻声细语。

就在我写这段文字的时候，兀地从天地间传来一句神秘的预言："好，就是现在！"于是，早上还在土里等待的嫩苗，全都把自己的脑袋探了出来，连翘的枝头一闪一闪放着金光，肚子鼓鼓的李子嫩芽裂开了一道细细的缝……各种各样肥嫩的新芽在枝头上摆起造型，穿着青绿色的衣服在树枝上翩翩起舞。别害羞，叶子，你怎么脸红了；别睡了，枝条，快起来一起玩耍吧。音乐已经响起，快一起来演奏这首春天的进行曲吧！让我们在阳光下快乐地闪耀！我迷人的铜管、我的小提琴都一起奏起来！这座充满春色的花园再也无法压抑住自己，开始它胜利的游行了！

---

1 布拉格南约 30 公里的小城。

园丁的四月

四月，对园丁们来说是绝对幸福的一个月。五月，就留给所有喜欢它的人们去赞颂吧：五月的树木全绿了，花儿也都开了。但在四月，植物们只是抽新发芽。要知道，嫩芽、嫩枝、花苞、幼苗……都是自然界最大的奇迹，我甚至不会多说一个和它们有关的词。你蹲下身，手指弯起插入松软的土壤，屏住呼吸，指尖碰触娇弱却充满生命力的嫩芽。那种感觉无法用言语描述，就像你无法描述亲吻，或其他的一些体验一样。

虽然你已经接触过那些新抽出的小嫩苗，但也常常会遇到这样的情况：你踩进小花园，想要捡起一根干枯的树枝或除去一株已经枯萎的蒲公英，却不小心踩到了还埋在土里的百合或金缕梅的幼芽。它的尸体在你的脚下，你心里升起一阵畏惧与歉疚，在那一刻你觉得自己仿佛是一只怪兽，所经之处，花草不生。或者当你翻动土壤时，铲子无意间砍伤发芽的鳞茎，也可能差点铲断白头翁的幼苗；你惊恐地后退，手掌又压到了刚刚开放的迎春花，或是弄断了飞燕草的新茎。你越是紧张顾虑，造成的伤害就越大。只有多年积累的经验，才能让你成为一名驾轻就熟的园丁，不论走到哪儿，都不会弄坏任何植物；就算是无意间弄伤了，也不会致命。当然，这只是顺口一说。

除了发芽之外，四月也是种植的月份。你怀着极大的热忱，又忐忑不安地向育苗场订购了一批幼苗。再不订购，你都不能活下去了。你还答应所有的园艺朋友，有一天会带着分栽出来的小树苗去拜访他们。其实我早就知道，你很难对你所拥有的东西感到满意，尤其是各种植物的幼苗。突然有一天，你会一下子收到预定的大约 170 株树苗，它们都需要尽早移植到土壤中。那时你环顾小花园，会发现——根本没有多余的地方去栽种这些可怜的孩子。

因此，园丁在四月经常干的一件事，就是拿着一株枯萎的小树苗，在花园里绕来绕去，不下二十遍，就是找不到一块合适的土地来种。"不，这里不行，"他嘟囔着，"这里种了该死的菊花；那里也不行，夹竹桃会让它窒息的；这里是雪轮花，它怎么不被魔鬼带走呢？那儿被风铃草霸占，也没剩多少空间了……我该把这株快枯萎的小家伙安置在哪儿呢？等一下，这里可以吗？不行，已经种上毛茛了。那儿呢？鸭跖草太多了。嘿！这里还有一点点空地！再坚持一下啊，小树苗，我马上就把你的床铺好

了。再见咯，你就在这里安安心心地长大吧！"

用不了两天，园丁会发现，那株树苗刚好种在了紫色的樱花草幼苗上。

我敢肯定，园丁的出现是文化的产物，而不是自然选择的结果。如果他们是自然进化而来的，肯定就不会是现在这副样子。他们的腿会像甲虫一样弯曲，这样不必蹲下就能侍弄花草；他们也会有翅膀，不仅仅是为了好看，而是可以在他的小花园里飞来飞去。

的身体构造和众人都一样，一点儿也不完美。他只能尽力做到：绷起一只脚尖，学着芭蕾舞者那样保持平衡，凌空跃起，跨过 4 米的宽度，以脚尖在土地上行走；或者如蝴蝶一般轻轻地掠过枝头，准确地落在一英寸见方的土地上，尽量不被地心引力干扰得失去平衡，不破坏一花一木，努力地保持着姿态的优雅，避免被别人嘲笑，以赢得他人的尊重。

　　没尝试过园丁吃的苦头，就没理由站出来说人类的双腿有多碍事，尤其是在小花园中没地儿可站的时候。腿太长，又想让手接触土壤，就需要将它们折叠在自己身下；有时候想要从花园的一端跨到另一端，腿又不够长，就会不可避免地踩到除虫菊或者耧斗菜那正在生长的幼苗。如果把园丁绑在一根绳子上，就能从花园这里荡到想去的那里；或者在戴着帽子的脑袋周围，长出四只手；或者腿像照相的三脚架那样，可以任意调节长度就好了。总之，园丁

然而，你在远处瞥一眼，只能看到园丁的屁股。他的头、胳膊、手、腿和脚等其他身体部位，都藏在花园中你看不到的地方啦。

精心布置花园总算没有白费功夫，现在所有的花儿都跃跃欲放了：水仙、风信子、堇菜、琉璃草、虎儿草、海棠、南芥菜、黄花九轮草、石楠、报春花，还有许多植物明天或后天就会开花，你一定要来看一看！

这是肯定的，每个人都会过来瞧一瞧。"哇，多么可爱的紫色小花啊，这是紫丁香吧？"一位业余爱好者说。之后园丁会带着一点儿被冒犯的不快告诉他："那是比利牛斯山石蕊花。"园丁们对植物名称都有种莫名的坚持。按照柏拉图的哲学理论，没有名字的花，就是一株没有形而上学理念的存在。简而言之就是没有实体，没有完整价值的花而已。

没有名字的花不就是杂草么，而有拉丁名字的花在某种程度上似乎就有了高贵的身份。如果你的花园里无意长出了一株荨麻，而你在它身旁贴上了拉丁语名字 *Urticadioica*，你就会不自觉地欣赏它，甚至给这小块土壤松土、施用硝酸钠肥。如果你谦虚恭敬地和园丁谈话，问他："这朵玫瑰叫什么名字？"园丁会很高兴地告诉你："它叫伯密斯特尔·凡·托勒。""那是克莱尔·莫迪夫人。"并且园丁也会在日后欣慰地想起你：一个高尚的、有教养的人。千万不要用自己臆想的名字去信口开河，如"看，这株南芥菜开得多好！"园丁一定会生气地纠正你："不，不，不，这是斯奇莱加·波慕勒！"其实这两个名字没有什么区别，但我们的园丁会坚持那个更讲究的名字。因此，园丁对小孩子和乌鸦深恶痛绝，这些家伙们总会拔起写着植物名称的标签，把它们弄混，害得我们惊讶地说："看，这株金雀花怎么长得像薄雪草一样？可这儿明明写的是金雀花，没错啊——可能是种子变异了吧！"

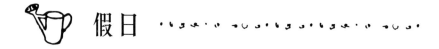

如果没有下雨，我会半蹲在花园里对着小庭花说："稍等一下，我去给你弄些腐殖土过来，过几天再帮你修剪幼苗，你想不想扎根到更深的土壤里去？你明白我的意思吗？"它一定回答说："我愿意。"于是我就把它移栽到更肥沃的土壤里。

因为这里是我用血汗浇灌而成的苗圃，一点也不夸张，我修剪枝条时总会不可避免地划破手指。凡是有花园的人，都是私有财产的拥有者。玫瑰不是花园里生长的玫瑰，而是他的可爱的玫瑰；不是樱桃树在开花，而是他的樱桃树在开花。作为花园的拥有者，他会与周围的环境达成某种命运共同体的关系。例如天气，他会说："我们这里可不能再这样下雨了！"或者"最近我们这里的空气还挺湿润的。"然而，这并不代表他会非常包容，反而是强烈地排外。他会认为邻居的小树木是枯木或扫帚，或者会认为别家同样的花儿不如他花园里的美，诸如此类的想法在他脑袋里还装着不少呢！

"阿尔卑斯山风铃草，该你了，来，我要替你挖一个更深的花床。"十只手指头刨土挖坑的行为，可以称之为劳动。也可以把我腰酸背疼的原因都归结于劳动。然而，疼痛并不重要，为了美丽的风铃草，我愿意付出辛劳。我并不因为劳动很高尚、可以保持健康才这么做，而是因为我的风铃草会开花，虎耳草会长到坐垫般大小。如果你想庆祝什么，最好不要为劳动而庆祝，而要为风铃草或虎耳草庆祝，因为它们才是你劳动的目的；如果你放弃读书写作，转而去搬砖或者铸铁，你的出发点一定不是为了劳动，而是为了换取面包，养活妻子和一群孩子，让一家人生活下去。因此，你应该赞美面包、孩子、妻子以及生命中一切你辛苦劳作换来的人和物。你也可以歌颂你的工作，就像修路的工人们一样，但他们也不会只庆祝劳动，而首先要庆祝他们修成了这条路——因为这条路修成了，他们才能生活下去；而纺织工人们，应该在劳动节庆祝织出了粗麻布和各式纺织品。这个节日是劳动节，而不是表演日，一个人应该对他所取得的成就感到自豪，而不只是因为他的劳作。

我询问过与作家托尔斯泰接触过的人，他本人为自己量身定做的鞋子是怎样的。据称，它们相当糟糕。从事一项工作，原因应该是工作有趣，或是擅长此道，同时又能谋生。如果做鞋子是根据教条，意味着这份工作毫无价值。我希望劳动节的高潮是颂扬人类的知识和工艺水平，颂扬那些能够正确工作的人。如果今天我们庆祝各个国家的专业人士和他们的贡献，这一天将会特别快乐地结束，这才是一个真正的假日，朝圣的一天。

好了，劳动节虽然是一个严肃而值得骄傲的节日，但也不用牵挂于心。我的小夹竹桃，安心地绽放你的第一朵粉红色小花儿吧！

园丁的五月

注意，在我们详细介绍了挖土、耕种、浇水、除草之后，终于要讲到园丁专属的最大乐趣与自豪感，也就是假山花园了。人们给它取了一个别致的名字——阿尔卑斯花园。因为在假山上种花时，园丁很可能会像在攀岩时那样扭伤。如果想要在两块岩石间种上一株岩樱草，就必须把一只脚放在一块摇摇晃晃的石头上，另一只悬在空中，尽力保持身体平衡，避免踩坏脚下的橙黄草或南庭荠；为了保护更多的花儿，需要摆出很多夸张的姿势，双腿大幅度叉开、蹲坐、跨坐、转身、后退、前进、立正、斜靠、跳跃、前冲等，以便能够在引以为豪却又不怎么坚固的假山上，有序地松土、挖掘、播种和除杂草。

在假山上种植绝对是一项令人兴奋的高难度运动，除此之外，它还会不经意地给你惊喜。例如，当你悬在离地面将近一米的石块上时，也许会发现一簇乳白色的薄云草，或者是寒带石竹等特殊的高山植物幼苗。

但我应该告诉你：没见过风铃草、虎耳草、捕虫草、酢浆草、沙地草、海棠、蜂室花、十字花、夹竹桃、仙女木、大橙黄草、石莲花、莎草，没见过薰衣草、小苍兰、白头、甘菊丁、水芹、瞿麦、各种麝香、鸢尾花、四季海棠、橘水兰、岩玫瑰、龙胆、寄奴花、海石竹和亚麻，还有紫苑、苦艾、肥皂草、太阳花、火棘、阿拉伯茶树、金鱼草、蝶须、紫草、紫云英，也没见过樱草和高山紫罗兰，以及其他各种各样的、浩如繁星的香草的人，那些没有亲手栽育过这些花草的人，他们没有资格说自己见识过世上所有的美好，因为他们根本不知道这粗犷广袤的大地上能够创造出这么多温柔而美好的生命，这些生命都经过万年的演化与筛选，才成了今天的样子。如果你在石竹花的花床上看到一簇色彩缤纷的小花，如果……

罢了，我扯这么多干嘛，这可是只有在花园里种植各种植物的园丁们才能懂的园艺乐趣。

没错，因为那些打理假山花园的不仅仅是园丁，还是收藏家。他是一个严肃的疯子，沉浸在植物的世界里如痴如醉。如果你胆敢给他秀你种的莫雷蒂·安娜风铃草，那么你就等着他来夜袭吧，他甚至会为了得到那株小花苗而干掉你，最后还补一刀，因为他实在不能没有那株小苗；如果他太胆小或者太胖，干不成偷窃的勾当，就会乞求你给他一个卑微的补偿，比如一小株迷迭香……他是怎么知道你有这个的？还不是因为你骄傲自大，在他面前吹嘘你花园里的宝贝。

或者碰巧他在花市无意间发现了一个没有标牌的花盆，里面长着嫩绿苗壮的幼苗，他一定会小心翼翼地问老板："先生，这盆是什么呢？"

"这个……"老板有点含糊其词，"这是一种风铃草，我也不知道它具体是哪一种。"

"那把它给我吧，"花痴假装不感兴趣地说。

"不行，"花市老板说，"这盆不卖。"

"哎呀，你看，"花痴开始恭维，又带着委屈，"我都是你的老顾客了，为什么不卖给我呢？"

多次谈话拉锯战未果，花痴假装离开，想让老板试图挽留，却发现这一招也不奏效，于是他又折返至这盆神秘的小苗前，暗下决心，如果得不到这株小苗他就不走了，即使要在这儿耗上九个礼拜也无所谓……用尽所有收藏家的阴谋诡计、威逼利诱的手段之后，花痴终于把"得不到"变成"拥有"，讨来了这盆神秘的风铃草。他在花园假山上挑选了一块最肥沃的空地，带着无限的温柔悉心培育，每天都会去浇点水，简直当作无上至宝。神秘的风铃草也没有辜负他，真的像雨后春笋一样疯长起来。

"你瞧，"骄傲的花痴向他的客人表示，"这是株特殊的风铃草吧？还没有人（甚至花市老板）能够分辨出它是哪个品种，我也很好奇，它开花时会是什么样子？"

"这真的是风铃草吗？"客人仔细端详并疑惑地问，"它的叶子好像辣根啊！"

"当然不是辣根啦！"花痴不假思索地反驳道，"辣根的叶子比它大，并且没有这么光滑，它肯定是风铃草，也许……"他谦虚地补充说，"它是一个新品种呢！"

在花痴的精心照料下，这株特殊的风铃草以惊人的速度成长着。"看吧，"花痴得意地说道，"你说它的叶子像辣根，可你见过叶子长这么大的辣根吗？这是你们都没见过的巨型风铃草，会开出盘子那么大的花。"

最终，这株神秘的风铃草开始抽出花茎，而花茎的顶端……天哪，还真的是辣根！鬼知道它是如何混进花市，又来到园丁的花园里的！

过了一段时间，客人又来问："你那株巨型风铃草开花了吗？"

"呃，它早就开过，现在已经枯萎了。你知道，珍贵的品种总是特别脆弱……"

事实上，花苗的供应也时不时出差错。三月里，苗圃老板通常不会受理你的订单，因为天气尚未回暖，很多幼苗还缩在土里没长出来；四月里，苗圃老板也不会受理，因为他的订单太多了，应付不过来；到了五月，情况也好不到哪儿去，苗圃老板处理不了你的订单，因为很多幼苗已经被其他人抢购一空了。

"我这儿已经没有报春花了，"苗圃老板终于开口，"如果你愿意，我可以给你提供毛蕊花，反正它们都开黄色的花儿。"

但有时候你幸运至极，邮差给你送来了一个包装精美的包裹。你打开一看，里面正是你从苗圃老板那里订购的幼苗！哈利路亚！花园里挤了太多高山植物，真应该摆些新鲜东西了。你准备在那儿种些白藓，对，就是薄荷花，又名"燃烧的灌木"。别看送来的幼苗只有一丁点儿大，等它们在花园温床里都抽芽后，长得可猛了！

一个月过去了，幼苗却像不想长大似的，看起来还是一棵棵很矮的草。要不是事先知道它是白藓，你会以为是石竹吧！看来还得适当再浇点水，好让它们快快长大。

"你过来看看，"你对一位有经验的来访客人说，"这难道不是一株白藓吗？"

"你的意思是石竹吧？"这位访客更正说。

"当然，它是石竹。"你马上更换了一副了然于心的语气，"刚才是口误，我想，如果在这丛高山长青植物中种些白藓，看起来视觉效果会更好，你不觉得吗？"

每一本园艺手册都会告诉你，"最好是从种子开始培育你的花圃幼苗"。但手册并没有告诉你，关于种子的萌发，大自然有它的奇怪法则，那就是——要么一颗都不发芽，要么所有的种子都"蹭蹭"地探出脑袋。你琢磨着"在这块地上种一株大翅蓟做装饰，看起来应该还不错"，紧接着就兴冲冲地买了一袋大翅蓟草种子回来，开心地全都种下，期盼着总会有几粒种子发芽。过了一段时间，意料之外，160粒种子全部都破土而出了……你把能利用的边边角角全部都插满了大翅蓟，但还是有130株大翅蓟幼苗被剩下了，该怎么办？总不能在做了这么多细致的栽培工作后，把心血扔进垃圾箱吧？

"邻居先生，你想不想要一棵大翅蓟呢？做家庭装饰效果很好的，你知道吧？"

"也许吧！"

老天保佑，邻居先生拿走了你的30株幼苗，现正在他的花园里跑来跑去，寻找可以种下这些幼苗的地方。

现在，你还剩下100株大翅蓟幼苗，得考虑该如何处置它们。幸好附近还有几位街坊可以送……

上帝保佑，现在邻居们还不知道，这些不起眼的小家伙，日后每一株都能长到两米以上！

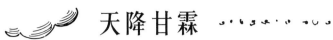 # 天降甘霖

即使自家的窗台上没有天竺葵或海芋，但我们每个人的身上都可能有一些园丁的基因。每当酷暑持续一周以上，我们都会焦虑地仰望天空，然后对遇到的每一个朋友说："是时候下雨了。"

"应该吧，"住在邻街上的居民说，"前几天我去了趟布拉格旧城广场北边的雷特纳，那边太干燥了，连泥土都被晒裂了。"

"前阵我坐火车到东边的科林城，"第一个人说，"那里简直干燥得可怕！"

"应该好好下场瓢泼大雨缓解一下！"第二个人叹了口气。

"至少得下三天才行。"第一个人补充说道。

但与此同时，太阳的威力丝毫没有减弱，布拉格的街道上弥漫着人们咸腥的汗味；电车里，人们的汗水味道被渐渐蒸干，同时，人们变得暴躁，莫名地不友善。

"我想应该快下雨了吧！"一个浑身被汗闷湿的人说。

"希望是这样。"另一个有气无力地回答。

"至少应该下一周的雨。"第一个人哼哼。

"真的太干了。"第二个人嘟着嘴。

正当酷热把人们搅得心神不宁时，气压越来越低，悬浮在城市上空，暴风雨在地平线上咆哮，刮起浸透水汽的凉风。终于，淅淅沥沥的雨水啪

嗒啪嗒落在干燥的人行道上，整座城市开始缓过气来。轰隆的雷闷声响起，豆大的雨点噼里啪啦地敲打在玻璃窗上、屋檐上、墙壁上，再倾泻而下，汇成欢快的小溪潺潺地流向远处，或是涌入池塘。人们高兴得恨不得尖叫起来，有的把头伸出窗外，想在这场天赐的甘霖中好好清凉一番；有的吹起口哨；有的光着脚丫，踩进水里溅起层层水花。神圣的雨水啊，滋润了我干枯的心灵，涤荡了我萧索的灵魂，让人酣畅淋漓！我曾被酷暑热昏了头，笨拙、迟钝、懒惰、自私……我曾快被干旱的天气榨干，烦闷和沉重让我差点窒息。现在，闪烁着光辉的雨水奔流着，把一切都洗刷得亮晶晶，这是任何奇迹都无法比拟的。敲响吧，银色的笨钟！饥渴的大地正在接受着天赐的雨露，请为这神圣的一刻而鸣！奔流吧，欢快的雨水！渗入枯竭的大地，涌入干涸的池塘，滋润那些饱经酷暑折磨的心灵！因为这天赐的甘霖，小草、土地、人们，还有这世间所有的生灵，又可以畅快地呼吸！这世界又重新活了过来，多么美好啊！

倾盆大雨停了下来，就像有人在后台拉上了幕帘。大地闪耀着一层晶莹水润的光泽，乌鸫开始在灌木丛中大吼大叫，像疯了一样，我们也忍不住想要再嬉戏一番。我们站在屋檐下，因为没有雨具和帽子，用手遮着头，大口呼吸着新鲜潮湿的空气。

"这场雨下得真是大快人心啊！"我们说。

"是啊，太爽了，"我们接着说，"但应该再多下一会儿。"

"没错！"我们自问自答，"这是场幸福的大雨。"

没到半小时，雨丝又如长线般垂落下来。在这广袤的静谧天地间，宁静而宽广的雨帘落在花瓣、草叶和大地上。这会儿已经不是奔涌喧腾的雷雨，而是柔和沉默的小雨，没有一滴甘霖被白白浪费。云渐渐散开，微弱的阳光斜斜地伴着雨丝而下；雨渐渐停了，乌云散开，大地散发出温暖潮湿的气息。

"这就是五月的梅雨，"我们欣慰地说道，"现在世界正变得鲜绿而美好。"

"再滴几滴就好了，"我们留恋地说，"再

多下几滴就更好了。"

　　太阳又热力四射了，潮湿的土壤不断蒸腾出温热的水汽，空气重新变得沉重而闷热，让人觉得天地间仿佛一个蒸笼。在天空的一角，一场新的暴雨正在酝酿。我们呼吸着温热的空气，几滴沉重的水滴落到大地上，偶尔会从不同的地方吹来一股被雨浸湿的凉风。我们漫步在小溪中，看到白色和灰色的云团在天空汇聚，整个世界都仿佛要温暖而柔和地融进这五月的一场梅雨里。

　　"还应该多下一会儿雨的，"我们喃喃自语。

🌸 园丁的六月

六月是修剪草坪的主要时期。但你可别以为，我们这些镇上的园丁们，会在某个露水未干的清晨，穿着松开几个纽扣的老头衫，打磨着大镰刀，一边唱着民歌，跳着舞，一边除草。实际上，你看到的是另外一番情景。

首先，我们园丁想要的是一块英国草坪，一块像台球桌面般平整的、纯粹的、密集的绿色平毯，一块完美的、没有污点的草坪，像天鹅绒般光洁，像餐桌一样齐棱棱。春天，我们发现这块英国草坪由蒲公英、三叶草、丁香、苔藓以及一些黄黄的坚韧杂草组成。因此首先要除掉它们。我们蹲下去，连根拔起草坪上所有不规矩的杂草，留下一片黯淡、裸露的土壤，草坪就像被斑马踏过，光秃秃的。然后给它浇水，任由剩下的草被太阳暴晒，直到晒干为止。

没经验的园丁修剪草坪前，会去最近的郊区。他在坡地上，看见一位老妇人牵着一只正在啃食荆棘或者网球场围网的瘦山羊，于是走上前去。

"老太太，"园丁面带微笑，友好地说，"您想让您的山羊吃上更好的草吗？去我那里割吧，想割多少就割多少！"

"我有什么好处？"短暂考虑后，老妇人说。

"给您 20 克朗！"没经验的园丁以为成交了，兴冲冲地回到家里，等待老妇人牵着山羊、拿着镰刀过来，前顾后盼。但老妇人并没有来。

园丁只好亲自去买了一把镰刀和一块磨刀石，并宣称他不会求任何人就能独自完成刈草。但不知道是镰刀太钝，还是城市里的杂草太坚韧，或是其他什么原因，镰刀怎么都割不断草茎。他只好一手用力拉扯着草茎，一手用镰刀使劲砍断底部。同时还会把草根拔出来——早知如此，用剪刀剪草可能会更省事些。园丁终于割完最后一根杂草，已经累得上气不接下气，接下来他把割下来的草堆成一堆，拍拍手，又起身去寻找那位牵着山羊的老妇人。

"老太太，"他的话语像浸了蜜，"您想不想为您的小山羊拿回一箩筐干草呢？那可是干净又爽口的干草啊……"

"我有什么好处？"一番思虑后，老妇人问道。

"给您 10 克朗！"没经验的园丁说完，又高高兴兴地跑回家等待老妇人牵着她的羊……把这么漂亮的一堆干草扔掉，是挺可惜的，对吧？

最后老妇人还是没来，园丁只好让清洁工来处理这堆干草，但清洁工坚持要为自己的劳动索要报酬。

"你知道，先生，"清洁工说，"我们可没有车来拉走这堆废物。"

而有经验的园丁会买一台移动割草机回来。它的轮子像机枪一样突突作响，你把它推到草地上，被割断的茎秆就会在空中四散乱飞。但我保证，这真是一种独特的乐趣。你推着这样一台突突乱叫的移动割草机，在杂草横生的草皮上除草时，那可真是一种享受！割草机刚到家中时，全家所有成员都打打闹闹争着想要拿它除草。"看着我！"园丁说，"现在我要向你们展示如何操纵这台移动除草机。"说着，就做出一副有模有样的专业人士的样子，推着割草机在草皮上隆隆踱步。

"现在轮到我了吧！"另一个家庭成员恳求着说。

"让我再多推一会儿。"园丁坚持要继续割草，然后又推着轰隆隆的机器向前走，走进

四散飞舞的杂草里，而他的身后是平整的一片。这是第一个值得庆祝的干草丰收的季节。

过了一段时间，园丁对一位家庭成员说："你不是很想拿小机器割草吗？这是一件有趣的事。"

"我知道。"对方冷淡地回答，"但是我今天没空。"

众所周知，干草丰收的季节，同时也是雷雨易发的时期。一连几天，空气中都充盈着水汽，风暴正在云层中聚积，太阳好像在故意胡闹，土地开裂，大狗身上散发着异味。农民愁眉苦脸地望着天空，喃喃自语，"要下雨了！"有时候，预示着糟糕天气的乌云不知道从哪儿来，悬在我们上空，之后狂风大作，扬起灰尘，掀开帽子，扯下树叶……园丁顶着乱蓬蓬的头发冲进了花园，他绝不是要像浪漫诗人一样，抵抗自然的元素（火、风、水等），而是急忙去捆绑一切会被大风吹刮得摇摆不定的东西，拿走工具和椅子，收拾满地的狼藉。当他徒劳地试图想绑紧飞燕草时，一颗又大又热的雨滴砸了下来。有一瞬间，空气像是凝固了，接着轰隆隆的一声雷鸣打破这片刻的沉寂，一场瓢泼大雨从天而降。

园丁蜷在门阶上避雨，心情沉重地看着他心爱的小花园被狂风暴雨折磨，突然他冲进雨里，像一个正在拯救溺水的孩子的勇士，绑紧了残败的百合花。哦，我的天啊，这雨大得可以酿成水灾了！不一会儿，大粒的雨滴变成冰雹，砸到地面上嘎嘎作响，雨水混着泥土汇成褐色的溪流。园丁的心情从对花圃的担心变成对大自然的敬畏。渐渐地，轰隆隆的雷声弱了，狂风骤雨变成了微寒的中雨，再慢慢变成淅淅沥沥的小雨，紧接着又变成软绵绵的细雨。园丁再次跑进花园，看着被泥沙覆盖的草坪，被大风折断的支架，被暴雨和冰雹打坏的花儿，眼里蒙上了一层失望又委屈的水雾。一只乌鸦叫了起来，仿佛扯着嗓子对篱笆墙外的邻居说道："哈，这雨应该再多下一会儿！这雨量对树木来说，还不够呢！"

第二天，报纸报道了这场灾难性的暴雨，对玉米等农作物上造成了怎样破坏，但记者们没有写到它对百合花的摧残，对东方罂粟的毁灭……我们园丁总是被忽略，被人们忘之脑后，得不到应有的重视。

如果祈祷真有一点实际作用，我们园丁一定会每天都虔诚跪拜："亲爱的主，您能不能换一种方式下雨？比如每天从 12 点下到凌晨 3 点。当然了，您都知道，这雨必须是柔和的温暖的雨，以便土壤能充分吸收它；但不要下在十字花科植物、岩蔷薇、薰衣草和其他旱生植物上。您无所不知，一定知道我指的是哪些。如果您需要的话，我可以为您罗列一份清单；阳光最好能和煦地普照全年，但也不是到处都照，例如不要照在绣线菊属上，也不要照在龙胆花、玉簪花和杜鹃花上，光照不要太强烈；最好有适足的露水和微风以及成堆的蚯蚓，但不要蚜虫和蜗牛；每周下一次稀释过的肥料雨，最好再下一些鸟粪，阿门！"你知道，伊甸园就是这样，否则怎么可能有植物在那里生长。

我刚才提到了"蚜虫"这个词，我再补充几点：六月的蚜虫是必须要消灭的。为了除掉这群讨厌的家伙，园丁们尝试过各种药丸粉末、药水制剂、浓缩酊剂、精油提取物、肥皂粉和其他药性很强的试剂。园丁一个接一个尝试，可丰满肥大的蚜虫还是在他的玫瑰花枝上令人不安地繁殖。虽然以谨慎态度和正确的方式使用这些化学制剂，可蚜虫还是在这场杀戮中幸存，顽强地活着。它们像芝麻点似的密密麻麻包裹着玫瑰的枝干，而玫瑰花瓣和嫩芽却因这些试剂被不同程度地烧毁。无奈之下，园丁们只好带着嫌弃的表情，一鼓作气逐枝逐枝地用大剂量、高纯度的药水淹死这些可恶的蚜虫。虽然这是杀死蚜虫比较彻底的方法，但药水试剂的化学气味会在小花园里弥漫好一阵子。

种蔬果的园丁

肯定有人在读到这些令人莞尔的文字时，会不屑地说："这算哪门子园丁？！这家伙连食用芦荟都没提到，更别提胡萝卜、黄瓜、大头芥、西兰花、洋葱、甘蓝、花椰菜、韭菜、樱桃萝卜、芹菜、虾夷葱、香芹、卷心菜……各种蔬菜水果了。这些蔬果他一个字都没提，算是什么园丁？简直是既无知又自负，无知得连这块土地里生长的莴苣都忽略掉，那可是园丁能培育出的最美好的作物啊！"

现在我想对这项控诉做出合理辩解。有一段时间里，我也热衷在花园里种满胡萝卜、紫甘蓝、莴苣、小乳瓜、大头芥、西兰花……我这么做的出发点带有一些浪漫主义色彩，就是为了满足自己当农夫的梦想。谁知到了收获的时候，每天我都必须要吃掉 120 棵樱桃萝卜！我努力地吃，因为家里没有人想要再吃它们；过了一个星期，我又被淹没在西兰花的海洋里了；紧接而来的是卷心菜，然后是芹菜……曾经一连好几个星期，我一日三餐都必须咀嚼莴苣，不然就得把它们扔掉。我也不想破坏当一位种植蔬果的园丁的乐趣，可让我这样一个人消化掉所有成果，我真的会崩溃……如果我被迫吃掉自己种的百合或玫瑰，我觉得我会失去对它们的尊重。山羊一定很乐意成为一名园丁，但园丁绝不想成为一只山羊，因为他不想啃食掉自己的花园！

此外，我们园丁已经树敌不少了，麻雀、乌鸫、顽皮小孩、蛇、蜈蚣、蜗牛、蝼蛄、蚜虫都是。扪心自问：我们何必再对毛毛虫充满敌意呢？何必再驱逐来园子里偷吃青草的小白兔呢？

每位公民都有过类似的幻想：如果能当一天的独裁者，自己将会做些什么。至于我，铁定会颁布一系列法律法规，避免一些不当的事发生，这其中包括所谓的"覆盆子法令"——这是一项禁令，禁止任何园丁在篱笆附近种植覆盆子，否则就砍掉右手。不好意思哦，做出了这么严苛的禁令，但你想想，如果你的邻居在篱笆边种上了覆盆子，而它很快就肆无忌惮地蔓延到你的园子里，那时你会怎么想？覆盆子可以爬到几米高，没有任何篱笆、铁网、砖墙、警告牌甚至战壕可以阻挡它的前进。这是一种生长力和繁殖力极强的生物，用不了多久，你花园里的康乃馨或者晚樱草花的枝干上会冒出覆盆子的幼苗，你睡觉的床板缝隙也会探出覆盆子的头来，甚至连你库房里的大斧头上也会不知不觉被覆盆子缠上！如果你是一位有素质、守规矩的园丁，就不要在篱笆边种覆盆子，也不要种植软耳草、向日葵以及一切可能侵犯你邻居私有领土的植物。

如果你想讨好你的邻居，就请在篱笆边种些甜瓜吧！曾经有这么一件事情发生在我身上：邻居家的甜瓜越过篱笆，长到我的园子里，越长越大，大得足以破纪录了！所有的植物图鉴出版商、诗人、大学教授见了都吃了一惊，因为他们也不明白，这么庞大的甜瓜是如何穿过篱笆间隙的。过了一段时间，我看这颗硕大的甜瓜看腻了，就把它砍了下来。作为对它越界的惩罚，我把它吃进了肚子里。

园丁的七月

　　根据权威的园丁守则，七月是给蔷薇接枝的时节。园丁们通常是这样做的：先准备好野蔷薇、山楂树或者其他可以用来嫁接的植物，换句话说就是先准备好砧木，然后买一把叫作"小青蛙"的园艺专用刀，再收集一些韧皮。一切准备就绪后，园丁通常会小心翼翼地切开枝干的木质部。由于拇指抵着刀刃，如果"小青蛙"园艺刀足够锋利，它会毫不留情地在指尖割出一道流着鲜血的小口。园丁需要用几米长的绷带来包扎伤口。而那一朵朵饱满的蔷薇花苞就是靠这缠着绷带的手嫁接后才长出来的。这就是所谓的蔷薇接枝。如果没有蔷薇，你还可以通过以下方法在手上制造伤口，例如：把手伸到锯木车床上，让机器咬一口；切下母株上的柳条，扦插在土壤中；砍掉果树上长得很快但没有结果的枝杈；或者其他类似的园艺活动。

完成玫瑰接枝后，园丁会发现，由于浸过雨水以及引力的作用，土壤中空气减少，加上被太阳暴晒得滚烫干裂，太过紧实，必须得松一松。这个活儿每年至少得做六次，却每次都能从土壤中挖出石头和其他难以置信的玩意儿。石头可能是从某种种子里长出来的，或是从地下某个黑暗的中心钻出来的，又或者是土地像冒汗一样把石头冒出来的，没人说得清楚。至于杂物的来源，应当是当初园丁用作植物培育土的腐殖土。这种腐殖土里有黏土、肥料、腐烂的叶子、泥炭、小石头、玻璃碎片、破碎的陶瓷、钉子、电线、骨头、巧克力锡箔纸、砖块、旧硬币、烟头、碎镜子、旧标签、金属容器、绳子、锡箔、纽扣、马蹄铁、狗粪、煤块、脸盆、水槽、洗碗巾、小瓶子、枕木、罐头、锡罐、隔离器、报纸等五花八门的东西。每次园丁在给花床松土时挖出这些东西都十分惊讶，依稀记得有几次他竟然从花圃地底下挖出了美式炉灶、阿提拉[1]的坟墓和古希腊的预言书。在用腐殖土育苗的小花园中，挖出什么

稀奇古怪的东西都是有可能的。

七月里，让园丁最操心的还是灌溉这件事。那些使用喷水壶的园丁，会像驾驶员数公里一样记录着自己的浇水数量。"噗！"他骄傲地宣布，"今天破了纪录，我给花园浇了45壶水！"想象一个情景：傍晚时分，夕阳收敛了余晖，清凉的水滴洒在快被晒蔫的花朵和叶子上，干涸的土壤吮吸着解渴的甘露，这是件多么令人欣喜的事。它们像在沙漠中备受煎熬的朝圣者，终于喝到了泉水，长叹一口气："哈哈哈。"朝圣者们一边喝清爽的泉水，一边抹去胡子上的水滴感叹道："真是解渴啊！神呐，请再赐我一杯吧！"总能为小花园里的植物设身处地着想的园丁，会不辞辛苦地来回飞奔，想要再多灌一壶水，只为缓解这七月之涸。

---

1 欧洲人最为熟悉的匈奴人领袖，史学家称为"上帝之鞭"，曾多次率领大军入侵东罗马帝国及西罗马帝国。

那些使用水管和自来水的园丁，可以更快、更大面积地灌溉植物。一眨眼的工夫，不仅灌溉了花圃，灌溉了草坪，还淋到了篱笆边上喝下午茶的邻居一家、街道上的路人甲、屋子里的家庭成员，但被淋得最多的，还是园丁自己。

的位置！可以想象，你像站在喷泉中心的维纳斯雕像，一条长蛇缠绕在你的脚边，那是多么震撼人心的画面啊。当你终于心满意足地离开，以为花园和自己一样浑身湿透，刚想把自己擦干，却发现花园又传来"哦哦"的叫渴声，刚刚大肆浇灌的水早就被吸收得干干净净，如今的院子又像之前没浇水一样干涸了。

一拧开水龙头，水管里就会喷出威力惊人的水柱，简直像扫射的机枪。水柱不一会儿就可以在地上冲出一道深深的壕沟，还可以除遍满园的杂草，刷掉树上的枯枝败叶。如果你想削弱它的威力，可以迎风喷射，这个效果像做水疗一样让人痛快。水管似乎特别偏爱裂缝，尤其是自身中间的裂缝，那个让人气得直跳脚

德国哲学说，粗糙的现实就是现在，而更高的道德秩序是"dasSein-Sollende"，这句德语的意思是说，该是什么就是什么。

一到七月份，我们总会用一种园丁特有的方式表达出强烈的意愿："老天爷，应该下场雨了。"

通常情况是这样的：当所谓赋予生命能量的阳光，将地面温度升至50℃时，草皮就会变黄，叶子上方的花朵就会干枯，而树木的细枝也会因干渴和炎热而垂下头，土地龟裂，被烤得如石头般坚硬，甚至会粉碎成灼热的灰尘，伴随而生的现象则是：

一、园丁的橡皮软管破裂了，不能为花园浇水。

二、自来水厂出问题了，根本供应不上水，把园丁留在炙热的大热炉之中。

此时此刻，园丁恨不得用自己的汗水浇灌花园，很明显这是徒劳，不管他出多少汗，连

最小的一块草坪都不够用。无论园丁怎么咒骂、诅咒、吐口水都没有什么用，天气依然酷热难耐，即使每个人都来吐一口口水，每滴水都充分利用，也无济于事，大地还是旱得冒烟。园丁只好不停地祈求："老天爷下场雨吧，求您了！"

"今年夏天，你准备去哪个避暑别墅？"

"哪里都行，但老天爷应该会下雨了吧！"

"你对捷克的安格烈部长辞职，有什么看法？"

"我觉得，老天爷应该下场雨了！"

园丁们也应该向别人学学，想象一下美丽的十一月雨季吧！五六天接连不断的阴雨绵绵，天气灰暗潮湿，寒气从鞋底钻上来，冻着你的双脚，一直冻到你的骨子里去。

正如我所说的，老天爷应该下场雨了。

感谢上帝，尽管天气状况恶劣，花园里仍有许多植物在正常生长开花，玫瑰、夹竹桃、松叶菊、金鸡菊、百合、剑兰、风铃草、铃兰和牛眼菊都是——老天保佑！可有些花开，就会有些花谢，你得一边剪去枯萎的花枝，一边

对着花儿呢喃道："现在轮到你上台了，阿门。"

　　请你再仔细观察，这些花儿，真的很像女人：她们在幼苗时期努力汲取阳光、空气和水，欣欣向荣，长成亭亭玉立的样子；含苞待放时，她们就像小姑娘般羞涩可人；欣然怒放时，就像轻熟女人那般美丽新鲜，让人欲罢不能。你贪婪地盯着她们，仿佛永远窥探不够她们的美丽。老天爷，为什么她们每一个都美得举世无双呢！当花儿开始衰败时，就好像年老后不再装扮自己，有些粗鲁的人会说她们看起来像是泼妇。这太令人惋惜了，美丽的花儿们都曾惊艳过岁月啊！任时光匆匆流逝，花儿们一个个香消玉殒后，便只留园丁一个人，在萧条的院子里黯然神伤。

　　其实，园丁的秋天早在三月就已经开始了，第一个枯萎的就是雪花莲。

植物学

　　我们都知道如何区分植物的种类，哪些生长在冰川地带，哪些生长在草原地带，哪些生长在寒带地区，哪些生在地中海地区、亚热带区或者沼泽地区，等等。除了这些，我们还可以通过一些另类的方式去区分植物。

　　如果你对植物学特别有兴趣，你会发现：有一部分植物喜欢生长在咖啡店旁边，有一部分植物在猪肉屠宰场旁长得比较茂盛，有一部分植物在火车站欣欣向荣，还有一部分植物就爱待在铁路的信号亭边。如果你能够继续深入地探究，也许会发现：天主教徒窗边的植物，和无神论者窗边的不太一样；我们再进一步地探究，会发现精品店的窗边，只有塑料花才能够活下来。尽管"植物地理学"这一学说还处在萌芽期，但是我们能够根据一些特点鲜明的植物群种，得出一些初步的结论。

　　生长在铁路车站的植物有两大类：一部分生长在月台上，还有一部分在站长的花园里。月台上的植物一般来说都被高高地挂在篮子里，有时也会被摆在屋檐下或窗台上，多是甘草、山梗菜、天竺葵、牵牛花或者秋海棠之类。盛开时它们往往会成为火车站里一道最靓丽的风景线；但长在站长花园里的植物和月台植物相比就逊色多了，只有玫瑰、三色花、勿忘我、忍冬之类的常见品种，吸引不了人们的目光。

　　生长在铁路信号亭旁边的植物一般都是木槿、向阳花、天竺牡丹、大丽菊、翠菊之类。很明显，这些植物都特别喜欢爬墙，大概是为了安慰某个火车司机吧！野生的植物则长在在铁轨枕木的两边，比如野蔷薇、毛蕊花、甘菊、牛舌草以及百里香，等等。

生长在屠宰场里的植物群，一般来说都在屠夫的窗前，或者是被屠宰分割的动物尸体之间。它们的种类很少，大部分是芦笋类和仙人掌类，偶尔也会有智利松和樱花草。

酒馆附近的植物大致也可以分为两种：一种是长在门前的夹竹桃，另一种是窗旁的吊竹。卖特色农家菜的小酒馆窗户旁，瓜叶菊常常迎风摇曳；高级餐厅里也会有一些龙血树、秋海棠、紫藤和热带榕树。那些经常舞文弄墨的作家们喜欢这样描述："走进这里，就像是进了热带雨林。"咖啡厅里，叶兰长得相当茂盛，棚顶上还有半边莲、月桂和牵牛花在牵叶攀枝。

据我观察，到目前为止，在以下这些地方是鲜有植物能够生长好的：面包店、铁匠铺、五金店、皮草店、文具店、鞋帽店等。至于在写字楼里，只有红白相间的天竺葵才能发芽。写字楼里的植物品种，完全取决于在里面工作的员工和领导的喜好，我们从这一方面也可以看出不同公司的风格。不过，邮局和电报局与铁路局相比差太多了，在那里你很难看到有什么像样的植物。

其实，还有一些植物有着自己与众不同的风格。比如墓园植物，特别是名人墓地里，围绕着墓碑和雕像的花花草草，风格迥异，各有千秋，例如夹竹桃、月桂、棕榈和某种比较悲伤肃穆的叶兰。

就算是窗边的植物，也可以分为两类：有钱人家的和底层人民的。穷人家的窗边植物通常会更好，富人家的反倒活不长久。因为一到夏天，富人一家都出去度假了，无人照看这些可怜的植物。

对于哪些植物会在哪些特定的地方可以生长得更好这个问题，在这里我就不一一陈述了。假如以后有空闲的话，一定会沉下心，耐心地探究哪些人会喜欢种晚樱，喜欢在桌子上摆一盆仙人掌的人从事的是什么职业……我觉得每一种职业，都有象征它们的代表性植物。

园丁的八月

    到了八月，园丁通常会暂时抛下他心爱的小花园，出门度假。虽然之前一整年，他都在强调：今年他将不会去任何地方，因为他的小花园比任何避暑别墅都好。而且身为一名园丁，又不是一个疯子或者笨蛋，他才不会选择去一些令人不快的地方旅游。可当夏天到来，他就按捺不住欲望，一溜烟儿地从城中离开了，可能是因为他的血脉中还流淌着自由不羁的血液，改变不了想去多经历大千世界的天性；也可能是因为邻居们都出去旅行了，他的心也痒痒。然而每当园丁要离开时，心情总是沉重的，他担忧自己的花园，除非找到可以托付的亲朋好友，把花园交给他们照料，园丁才会放心地离去。

"你看，现在花园里没什么要紧的活儿，你每三天过来看一看就够了。怎么说呢？如果你发现有什么不对劲，就写一张明信片告诉我，我马上赶回来。你知道我信任你，一切就拜托你咯！就像我所说的，每隔三天一次，一次只要五分钟，你只要四处瞧瞧，随意关照一下就可以！"

　　园丁将花园托付给了这位乐意照看的伙计后，就扬长而去了。第二天，这位伙计接到了园丁的一封信："我忘了告诉你，花园每天都要浇水，最好是清晨5点和傍晚7点各浇一次。这并不难，你只需要把管子接到水龙头上，每次喷洒一个小时就好。拜托你，一定要照顾到每一株松柏，最好能浇到每一片叶子，草坪也是一样。如果你看到杂草长出来了，就顺手清理掉它吧。好了，就这样。"

第三天，朋友又接到一封来信："天气实在太干燥了，麻烦你帮个忙，给每株杜鹃花浇大约2喷壶的水，每棵针叶树浇5喷壶，其他树木每棵浇大约4喷壶。现在正是花园里的植物茁壮成长的时候，它们需要大量的水。请赶紧给我回信，告诉我哪些植物开花了。必须剪掉枯萎的茎条！如果你能拿锄头松松土的话就更好了，这样土壤里植物的根部可以更畅快地呼吸。如果浇完水，你看到玫瑰上有蚜虫，请去买一些烟叶，萃取汁液后再涂抹到枝条上，但请不要在早晨露水未干或者刚下完雨的时候这么做。我目前能想到的只有这么多，就先说这些吧。"

第四天，信又寄来了："忘了告诉你，草坪一定要修剪！你可以用除草机，至于除草机修不了的旮旯角落，你就用剪刀剪吧！请注意：除完草之后，还得用耙子耙掉割下来的草，再扫干净，否则草坪很难看。记得浇水，浇很多很多水！"

第五天，信如期而至："如果有暴风雨，请你一定要立刻去看看我的花园，暴风雨会极大地伤害花园里的植物！如果玫瑰花得了枯萎病，那就麻烦你在白粉菌上撒些硫磺精，记住要在清晨撒。常绿植物一定要绑在木条上，免得被大风刮断。我旅行的地方很美丽，漫山遍野长着各种菇类，还有让人舒筋活血、延年益寿的温泉……别忘了每天给屋子里的美国蛇麻草浇水，屋里比外边干燥。顺便帮我收好虞美人种子，装进小袋里。我希望你已经修剪好草坪了。现在除了还要杀死蠼螋，没什么别的事情需要做了。"

第六天，朋友已经快麻木了。"我给你寄了一个包裹，包裹里的植物都是我从森林里挖掘出来的，很新鲜！有兰花、百合、白头翁、鹿蹄草、银莲花等等。你一收到盒子，请立刻打开，把它们种到我花园里的某个阴凉处。再盖上一些泥炭和腐殖土。种好后请每天给它们浇三次水！拜托你，顺道修剪玫瑰上长偏的长茎！"

第七天，邮差都笑了。"我给你寄去一个放着鲜花的篮子，这些花儿来自大自然，请立刻将它们种到土里……晚上你有空就打着灯去花园里看看吧，顺便消灭蜗牛。如果能顺手扯掉小道两旁的杂草就更好。我希望打理花园不会占用你太多的时间，更希望你享受这段时间。"

看看这位可怜的伙计吧，他承担了多少责任：浇水、锄草、松土、除虫、修剪、施肥，还要带着新寄来的植物在花园里来回走动，寻找可以种植它们的地方……他辛苦工作，浑身大汗淋漓，可怕的是他还是看到有一些植物枯萎了，有些花枝折断了，草皮有点秃，整个花园看起来像被蹂躏了一番。他开始后悔当初的决定，认为自己是因为受到了诅咒，才接了这个麻烦的任务。现在他只有天天祷告，希望秋天赶快到来。

与此同时，园丁也在不安地担心着他的花草，睡也睡不好，心里暗自责怪照看花园的朋友，为什么不每天给他写信报告花园状况。他一边倒数着归期，一边每隔一天就发送一盒从大自然里采集的新鲜种子或者植物回去，并附上一份类似于园丁行为守则的信给他的朋友。终于，园丁回来了，来不及放下手中的行李，就心急火燎地跑进他的花园，热泪盈眶，四处张望。

"连这点事都做不好的笨蛋、懒虫、蠢猪！"园丁的心都快碎了，他想，那个说好帮他照看花园的朋友，唯一做了的工作就是损坏了他心爱的小花园。

"谢谢你。"他勉强地对这个人说道。像是要谴责这位朋友的不负责任，园丁转头就拿起水管喷洒被忽视的花园。"白痴！"他默默地叹气，"当初就不应该把花园委托给他照看！亏我这么信任他！以后再也不做这种傻事了，为了度假就把宝贝花园交到别人的手里！"

那些从度假区的森林中采集来的植物，园丁多么希望它们都能生长在自己的花园里，可这些野生植物怎么看都与花园里的家养植物格格不入。园丁遥望着地平线后面的马特洪峰[1]或格尔拉赫峰[2]，心想：如果我的花园里也有那座山该多好，还有那片生长着参天大树的原始森林，高山上的开垦地，山间的小溪，宁静的湖泊，那片柔嫩葱绿的草原……如果都能装进我的花园里，该多好啊！还有那片海湾和哥特式修道院的遗址；我多想我的花园里有一棵长了一千多年的椴树！那个古典时代的喷泉放在这里会相当不错！还有那群雄鹿，再加一些羚羊；至少也要加上那棵老菩提树吧；还有那块岩石，那条小河，那片苍郁的白杨林，那片白蓝相间的瀑布；把那幽深的绿色山谷也给我吧……

如果能够以某种方式和魔鬼签下契约，满足自己的愿望，代价是出卖自己的灵魂，我相信园丁一定会毫不犹豫地签字。不过，可怜的魔鬼，你可要小心了，你会为收买这具灵魂付出昂贵而惨痛的代价！园丁那些疯狂又冒险的愿望实在是太难实现了！

1 Matterhorn，海拔 4478 米，是阿尔卑斯山脉最著名的高峰，位于瑞士和意大利交界处，著名的滑雪胜地。
2 Gerlachovka，海拔 2655 米，是喀尔巴阡山脉的最高峰，位于现斯洛伐克境内。

"血腥的人类！"最终魔鬼会忍无可忍地说，"你还是上天堂去置换吧，地狱满足不了你！"最后它放弃收买灵魂，把花园狠狠地踩躏一番，便咬牙切齿地扬长而去了。只留下满腔热情、充满期待和无尽要求的园丁傻站在原地。

请注意：我正在谈论的是花园的园丁，而不是种植蔬菜或水果的园丁。让种植水果的园丁对着他的苹果和梨子乐呵吧，让种植蔬菜的园丁欢喜地收获甘蓝、玉米、西葫芦和旱芹吧！只有真正的园丁才明白，八月是一年当中的转换期：刚刚盛开的花朵儿，过不了这个月就要依次随风飘零；马上要迎来的翠菊，很快登场也会很快谢幕。不过，别忘了还有灿烂的夹竹桃、金色的千里草、耀眼的金光菊、乐观的向日葵，还有你和我，现在还不是轻言放弃的时候！对园丁而言，一年四季都是春天，一生都活在春天里，万物不断绽放。秋天不代表凋零，只是换了一些节目上场！我们扎根在土里，生根发芽，抽新长大，永远都有事可做！只有那些双手插在口袋里，什么都不做的人，才会说什么"情况越来越糟糕了"的风凉话。一年四季，总会有不同品种的花儿绽放，也永远会有新鲜的生命诞生。对于那些在十一月开花结果的植物，九月的秋季就是永恒的夏日！它们生生不息，永远都在积蓄着能量，生命里没有绝对的凋谢，不会衰退。亲爱的人类，一年如此之久，循环往复，漫长得好像没有尽头。

种仙人掌的人

我称种仙人掌的人为"宗派主义者"，倒不是因为他们用极大的热情去培养仙人掌，而是这种情况只能被称为激情、怪癖或迷恋。宗派主义的本质并不是狂热地去做某件事，而是狂热地信仰某件事。

例如仙人掌爱好者，有的相信大理石粉末有奇效，有的相信砖粉能让仙人掌生长更好，有的则推崇炭粉；有的人认为要浇水，另一些人则跳出来反驳这个观点。还有一些关于调配仙人掌种植土更深层的秘密，没有一个仙人掌爱好者会给出自己最宝贵的经验，就算你以命相挟也无济于事。所有的这些教派、学派、流派、门徒、炼金术师、仙人掌大神都会向你发誓，只有他们自己的秘籍才能培育出最好的仙人掌。

你看看这只多头仙人掌，你在别处见不到这种仙人掌吧？我可以告诉你，但你得保证不把我的秘籍外传半句——你只能洒水，千万别浇水，就这样。

"什么？"另一个仙人掌爱好者大叫，"谁告诉你可以对多头仙人掌洒水的？你想冻坏它吗？我说这位先生，天呐，你要是不想让你的多头仙人掌溺死在烂泥里，就必须把它浸在水温为 23.78℃的软水中，每周一次，我保证，它的生长速度将与甜菜头一样快！"

"我的上帝！"第三个仙人掌爱好者——即耶稣信徒呼喊着，"你简直就是个可怕的杀害仙人掌的凶手！听我说，如果你胆敢把多头仙人掌浸湿，那就等着土壤变酸，等着它根部腐烂，变成一条软趴趴的海藻吧！到时候就有你的好果子吃了！如果你不想让土壤变酸，仙人掌腐烂，那么你必须每隔一天用无菌蒸馏水浇灌它，必须保证每立方厘米的土壤中就有 0.111111 克的水，而且水温必须比室温高半度。"

之后，这三个自以为是的仙人掌爱好者同时大喊大叫起来，扭作一团，用拳头、牙齿、脚和手相互攻击。然而世界的法则就是这样，靠暴力，是得不到所谓的真理的。

我从不否认，仙人掌确实值得人们如此狂热地迷恋，因它足够神秘。玫瑰倾倒众生，但它并不神秘。类似的神秘植物还有：百合、龙胆、金蕨、智慧树、原木，以及几种不知名的蘑菇、曼陀罗、兰花、冰花、睡莲、夏日草、一些具有毒性或药用价值的植物。至于它们各自蕴含着怎样的神秘性，我也说不清，但的确能够牢牢抓住我们的注意力，激发出进一步去探求的欲望。

仙人掌的外形千姿百态。有的长得像海胆，有的像黄瓜；还有的像南瓜、烛台、罐子、神父的四角帽、蛇窝、鳞片、乳房、皮毛、爪子、刺刀或星星；有的看上去又长又笨重，像一群张牙舞爪的骑兵，或是挥着长矛的步兵。它们阴郁又暴躁，盘绕起来像是草莓、肿瘤、某种奇怪的动物或武器。它们在创世纪的第三天产生，浑身充满了阳刚气息。就连造物主看到自己这件杰作，也会忍不住瞪大眼睛，失声说道："我这是疯了吗！"

不管你对仙人掌多么着迷，都千万不要无礼地冒犯、触摸它们，更别说贸然上前拥抱、亲吻了。仙人掌不接受任何名义或形式上的亲昵举动。它们像石头一样坚硬，从头到脚全副武装，决不放弃自己的威严，毫不退让：你再靠近我一点试试？小白脸！你胆敢再上前一步，我就开火了！就连那些小个子的仙人掌，看上去也像一群处于备战状态的童子兵。你可以砍掉它们其中一个的头或者手，但马上又会长出一个新的战士，手持长剑和长矛，生生不息……生命是一场战斗！

但是，在某个不起眼的时刻，这些反叛又

顽固的愤怒仙人掌狂们会突然忘掉一切，做起白日梦来。这时，饱满又神圣的花朵在它们身上嫣然开放，不沾染丝毫杀戮之气，反倒是庄严的皇家气派。这真是天赐的恩惠，不是谁都能够有幸得到的。告诉你吧，仙人掌们的吹嘘功夫可丝毫不比护子心切的老母亲差，尤其是当仙人掌的小花朵开放的时候。

园丁的九月

  据我所知，从园艺学的角度来看，九月是一个颇具意义又值得感谢的月份，不仅仅是因为秋菊、紫菀和印度菊要在初秋开花，也不是因为令人惊叹的大丽花即将绽放，请注意——九月可不是让百花二度开放的月份，而是葡萄成熟可以酿酒的月份，这一切都是九月的神秘特质。为什么我说九月具有更深刻的意义？因为大地再次敞开了心房，让我们可以开展年度第二次种植活动！现在我们需要好好思索一下，什么植物可以在下一个春天来临之前种进土里。为了得到答案，园丁们又迫不及待地跑去花圃老板那里，看看他们培育出了哪些新品种，并为下一个春天选择珍品。这也给了我们机会，让我们可以从日复一日的轮回中暂时抽身，向那些常年专注于植物研究的园艺专家们致敬。

不论是伟大的园丁还是辛勤的苗圃老板，他们都是修身养性的人，换句话说，就是不抽烟、不喝酒。他们的名字也不会因为与某次罪恶、军事或政治事件相联系而留在史书上。他们的名字只能与自己培育出的新品种玫瑰、大丽菊或苹果挂钩。他们的名声，在历史上通常并不被大众所知，或是隐藏在其他名字后面。但谁让园丁生性乐观呢？这样已经让他们满意了。造物主似乎很喜欢与园丁开玩笑，让他们身材肥硕，可能是想衬托出花儿们的娇小与优雅，也可能是想让我们联想到大地之母库柏勒[1]那宽广的胸襟和动人的慈爱之情。事实上，当他们用粗胖的手指在花盆中翻掘时，就好像在拨弄孩子的发髻，亲切地爱抚它们。

1 Kybele，中亚传说中的大地女神，也是希腊神话中的大地之母。

园丁们一般都不把景观设计师们放在眼里，同样地，景观设计师们也把园丁看成草包。要知道，园丁们精通的苗圃学不只是一门种植技术，更是科学和艺术的体现。谁要是不了解这一点，一定会遭到不屑的白眼。当园丁们说竞争对手是一个优秀的商人时，其实是嘲笑对方的表现。当你去逛某个园丁的花园时，一定跟你去逛服装店或者五金店的感官体验截然不同。这可不是找到你想要的东西就拿起、付钱、拍屁股走人这么简单。你去园丁的花园是为了交流，"请问先生，这朵花叫什么名字？""你是怎么种出这么美好的植物的？""去年你买的十字花，现在开得可真不错！"园丁也许会抱怨自己把荷莳种坏了，然后跟你聊聊今年花圃新出了哪些品种；你最好能和他一起讨论，这两种紫苑哪个更漂亮；或者猜一猜，龙胆花适合用黏土种植，还是用泥炭更合适。

聊完这些话题，你终于选定了一株新品种的香雪球，还默默思忖着该把它放在哪里；一株新的飞燕草，好取代去年因白粉菌枯死的那株；再加上一个中看不中用的花盆。呵呵，在

结束了这几个小时颇具娱乐性和启示性的亲密对话之后，你照样还得付钱。即使园丁不是商人，你也得付给他大约五六克朗。而如果你碰到一位酷爱园艺超过生意的苗圃老板，他是不会轻易放你走的，会一直缠着你，除非你请他挑选出他园中六十种"最上档次、最有格调"的花儿才善罢甘休。

每一位苗圃老板都喜欢发誓，他花园里的土质糟糕透了，而且他既没有施肥，也不浇水，甚至冬天也没有覆土。这么说通常是为了让你知道：他的花儿长得这么好，只是因为他对花儿日复一日、始终如一的悉心照料。这倒不是全无根据的话，园丁在种植过程中有时候确实需要"幸运之手"的眷顾，获得更高层次的关爱。真正的园丁，只要在土里随手插上一片叶子，过一段时间就能长出一片花海。而我们这些业余的园艺爱好者则只能老老实实地播种、插苗、浇水、施肥、拔草和除虫。这还不算，最终我们很可能还落得一个眼睁睁看他们枯萎的悲戚下场。我认为这其中有一种魔力，就像狩猎和治病时所依赖的那样。

培育出新品种，无疑是每一位充满激情的园丁藏在心底的梦想。"哦，如果我能培育出金色的勿忘我、蓝色的罂粟或是白色的龙胆根——什么？你说蓝色的更好看？颜色都不重要，重要的是现在这世上还不存在白色的龙胆根！再说了，你也知道，就算是培育花草，人们的心态也是有点排外的。如果在某个世界性的比赛上，我们国家的玫瑰花，胜过了美国的"独立纪念日"或者法国的"马赛曲"，我们一定会骄傲地膨胀起来！这可是国家的荣光啊！

我想给你一个诚恳的建议：如果你的花园里有斜坡或露台，就在那里建一座假山吧。想想看：一方面，如果假山上长满了虎耳草、十字花以及其他让人目不暇接的高山植物，将是多么美妙的一幅画面呐！另一方面，建造假山这件事，本身就是一项新奇而有趣的任务。当你完成自己的假山，会感觉自己就像希腊史

90

诗《奥德赛》中的独眼巨人，运用各种元素，如火、水、空气等的神力，将一块块石头堆积成山丘、峡谷、险峰和峭壁。那时候，你会忍着腰酸背痛，欣赏着自己辛苦完成的巨大的艺术品，却赫然发现它和最初设计的蓝图大相径庭！你设想中的假山是浪漫苍翠的，眼前却分明是一堆随意砌起来的乱石岗。不过你也不用失望，用不了一年时间，这堆乱石就会变成花园里一道炫目的风景，山上开满星星点点的小花。那个时候，你一定会体验到前所未有的喜悦。再说一遍，前提是，你一定得造一座假山。

秋天就这样到了。从盛开的菊花和紫菀那里，你会听到秋天的脚步声。秋天的花儿盛开得尤其丰润饱满，它们不会虚张声势，却美得让人移不开眼球！依我所见，秋天的繁花似锦比春天的百花齐放更热情，更具有成熟的姿态和沉淀的优雅。这些花儿向我们毫无保留地展示了生命的美好：诱人的蜂蜜，让蜜蜂都为之神魂颠倒。这些都象征着什么？还有那缓缓飘落的黄叶，又代表什么？你还不懂吗？说明自然是生生不息的呀！

土地

很久之前，我母亲尚未去世，且还很年轻。她很喜欢用扑克牌来算命，总是从纸牌堆中抽出一张，然后低声说："我踩的是什么呢？（我该怎么办？）"当时我还小，并不能理解她为什么对踩在脚下的东西那么感兴趣。多年以后，我也开始对踩在脚下的东西感兴趣了。因为我发现，我也是踩在土地上的。

人们并不在乎自己踩在什么上面。他们每天都疯狂地东奔西走，忙这忙那，偶有闲暇驻足，不经意地抬起头，环顾空中，看看蓝天上飘浮的白云，或者望望远处地平线上蜿蜒的青色山脉，但他们从不低下头，给脚下的土地道一声问候或赞美。朋友，就算你只有一个巴掌大的花园，哪怕花圃小到可以忽略，你也得知道，你脚下踩的是什么。只有这样你才能意识到，即使天空再美丽，也远远比不上你脚下的这块土地。你要知道，泥土也分很多种：酸的、硬的、黏的、湿的、冷的，也可能是腐烂的，包裹着许多小石子的；可以像华夫饼一样温暖

又蓬松，也可以像面包一样细腻又绵软。你会由衷地感叹：太美了——用你曾经赞美女人和云朵一样甜蜜的口吻。当你的手指深深地滑入松软的土壤颗粒中，你的心底会抑制不住地腾升出一种疼惜之情。

如果你对这种特殊的感官体验不感兴趣，就让命运之神赐你几亩黏土作为惩罚吧！黏土就像是蓝天白云，晴空万里，突然又成了暴风雨般不可捉摸的东西，能把你搞得焦头烂额：像锡一样的黏土，浑身散发着一种冰冷的气息，用锄头一锄，就像口香糖一样软趴趴；在太阳下一晒，就焦黑龟裂；在树荫底下一晾，它又发臭腐烂。它邪恶、无药可救，泥泞时像蛇一样滑溜溜，缺水时像砖块一样干燥，像金属板一样密不透风，像铅块一样沉重。无论你如何使出浑身解数，用十字镐撕，用铁锹刨，还是用榔头敲，无论你多么努力地想要征服它、咒骂它、哀求它都于事无补，它还是那副你能奈我何的模样。然后你就会明白，植物要经历多

少磨难和奋斗才能在一片土地上生根。这就是生命的意义，不管是植物，还是人类。

慢慢地，你会掌握一些驯服黏土的方法。你必须学会给予土壤很多东西，而不是试图从土壤中获取些什么。为了让它肥沃、松软，你必须用干燥的石灰粉喂养它，用温热的肥料滋养它，再把煤灰洒在土壤的表层，好让它能够尽情地吸收空气和阳光。然后，之前冥顽不化的黏土终于开始分崩离析，慢慢地碎成粉状，似乎还伴着静静的呼吸。用铁锹轻轻一铲，你就能毫不费力地将它敲碎。现在它已经完全被你驯服了，它就在你的手掌里，温暖而顺从。告诉你吧，驯服几亩黏土地可是一项了不起的胜利！现在它安静地躺在这里，你甚至想将它一把握在手里，再用力粉碎，在指尖揉搓，好确认这个胜利真的属于你。它趴在你脚下一动不动，任你处置，可能你还暂时想不到，在这片被你驯服的土地上种些什么。你望着这片黑色的、松软的泥土出神，不禁自问："它不够美吗？难道它不比种一片三色堇或胡萝卜的土地更让人心动？"其实你很羡慕那些植物吧，因为它们紧紧攀附着这由人类所创造的高贵的艺术作品——沃土。

接受完这些惩罚，你再也不会对脚下踩着的土地毫不在意了。你会试着用手掌和手杖感受每一块土地和每一片田野，就像那些喜欢观星或赏花的人一样，带着童心与期待；你会因为发现了一片肥沃的黑土地而欣喜不已，会忍不住揉搓森林里成堆的落叶，甚至会用手掂量泥煤的重量。你会因此而希望拥有一驾马车，这样，就可以拉一车腐叶回心爱的小花园。我想把这些腐叶土覆盖在园土的表面，再加上一些牛粪，还可以洒几捧河沙进去，砍树后留下的木屑也是不错的腐殖土肥料，我再混一些小溪里的淤泥，就连大马路上扫来的灰尘也是有用的，对吧？这些都可以用来调理我的花园土壤。你说对不对？而这片美丽的土壤也能够养活我，阿门！看看我园子里这些土壤，有的像猪肉一样肥腻，有的像羽毛一样光亮，有的像蛋糕一样松散。就连颜色也有深浅之分，质地也有软有硬，这简直是大地的百变面孔！那些内心丑陋的人们，所能看到的只是悲惨的泥泞、粗糙、坚硬、冰冷、死寂的泥块，就像他们自己一样丑陋、冷酷且麻木。人们看到的东西往往能够反映他们自己的内心，不是吗？

园丁的十月

提到十月，有人会说是大自然开始进入冬眠的时节。我相信园丁在这方面肯定更有体会，他会告诉我们，十月是如四月一样美好的月份。十月也是春天，种子在土壤里悄悄萌芽，嫩枝在积蓄成长的力量。只要你轻轻拨开一小抔土，你会发现，不知何时，嫩芽已长得和你小拇指一般粗细，旁边还有傲娇的细枝和按捺不住脾气已然长出的新根。你能想到吗？地表之下，小生命都在不停歇地运动呢，春天已经来临了！亲爱的园丁们，我们出发吧，栽种的时间到了！可要当心挥舞的铲子，千万别割伤了正在萌芽的水仙块根。

十月是最适合栽种和移植的时节，所有经验丰富的老园丁都会这么说。初春时，园丁站在花圃前，若有所思地望着刚刚抽新的嫩芽说："这里看起来空荡荡的，应该种些什么。"几个月后，园丁站回这个位置，望着两尺多高的飞燕草，一撮灰毛菊，几株丹舌草，以及一大片风铃草……神知道他还偷偷摸摸地种了些什么，这里看起来太茂盛了！园丁若有所思地说："这里好像是种得太多了，花隙拥挤，我得把它们分散开。"转眼到了十月，园丁再一次站进花圃同样的位置，望着散落满地的枯枝败叶，再一次若有所思地呢喃："这里看起来又荒芜了，我再种一些东西进去吧，是六枝夹竹桃好呢，还是更高大的紫苑？"拿定主意后，园丁就立即付诸行动。在过去的几个月里，园丁一直在花园中辛勤地劳作，花园也不断变换着景观。园丁就是这样，拥有强大的意志力，决不信口雌黄。

到了十月，一旦园丁在他的花园里找到一些空地，就会暗暗发出一声满足的感叹："哎哟，不错哦！"他自顾自地说："可能曾经有植物在这里生活过，但现在我不能让这里就这

么空着，得种些东西才行呀！种什么好呢？秋麒麟，还是舌根草？这些我都没有种植经验，要不还是种泡盛草吧，不过，秋季和除虫菊好像更配……多槔菊如果放在春天种，也是不错的选择。我想在这里种美国薄荷，日落绯红或者剑桥猩红都可以。其实，萱草种在这块小空地上也很好……"园丁冥思苦想着，回家的路上，他又想到玫瑰也是一种可爱的植物，金鸡菊就更不用说了，至于藿香，也是独特的选择……刚想完这些，他又很快地从花市老板那

里订购了好多秋麒麟草、蛇根草、多榔菊、泡盛草、美国薄荷、萱草、蔷薇、金鸡菊和藿香，还添加了计划之外的牛舌草和鼠尾草。接下来的几天便是焦虑的等待，他天天坐立难安，抱怨订购的花苗怎么还不送来。终于，邮差送来满满一箱花苗，园丁抄起铲子，带着花苗，拔腿就往空地冲去。刚挖了一铲，他就挖出了一大堆错综盘绕的根系，这团根系上挤满了肥嫩的新芽。"我的圣母玛利亚！"园丁捂着眼睛呻吟道，"我怎么就忘了这儿已经种下金莲花了！"

是的，不疯魔不成活！有些疯狂的园艺爱好者，希望在自己的花园里种满各式各样的奇花异草，他们想要收集 68 种双子叶植物、15 种单子叶植物和 2 种裸种植物——隐花植物当中的真菌类更是一种都不能少，因为石松门和苔藓门类的植物实在太难找了。有的园丁比着魔更疯狂，他们把全部生命都奉献给了单一的植物种类，在那个种类里所有叫得上名字的有记载的纯种，甚至变种他们都要。举个例子来说，有一些球根类植物爱好者，他们深深地迷恋郁金香、风信子、粉百合、雪百合、水仙花以及其他一切球根类植物；至于报春花科的植物爱好者，就把忠诚全部奉献给了报春花；对银莲花属感兴趣的人们，也毫不吝啬地把关怀都献给银莲花；而白头翁属植物的狂热者，正想方设法地到处收购秋牡丹；那些鸢尾科植物的追随者们，正不计代价地四处奔走，誓要把蝴蝶花、射干、鸢尾花、番红花、小苍兰、燕子花、虎皮花、香雪兰等植物弄到手；还有飞燕草属的迷恋者，他们以培育品相完美的飞燕草为乐趣；还有人专门种植玫瑰，传言他们当中有人只种植上流的玫瑰品属，那些昂贵的玫瑰据说是上一世的社会名流投胎转世来的，不容小觑；夹竹桃的狂热粉丝们，喜欢嘲笑那些热爱菊花的人们品味庸俗，而菊花的粉丝们会趁每年十月发动疯狂的报复，众所周知，十月是菊花怒放的时节；那些气质忧郁的紫苑迷们，只愿意把他们的精力专一地献给浪漫的秋日紫苑。

在所有的单一植物爱好者中，最狂野的（当然仙人掌爱好者除外）非大丽花[1]爱好者莫属！美国大丽花的新品种一旦上市，他们一定眼睛也不眨地买下，哪怕要付出 2000 克朗的高价也在所不惜；而所有的花迷中，最具有历史传统的一定是球茎类植物爱好者了，他们甚至还拥有自己的代言人：圣·约瑟夫——他以手拿纯白百合的形象为大众所知。时至今日，虽然他手里拿的可能换成了更加洁白的布朗百合，但至少还没有哪位圣人手捧大丽花或者是持夹竹桃吧！不管迷恋哪种植物，这些忠诚的信徒们都将自己献给了花的祭坛，甚至有些人还给花儿建立了自己的教堂呢！

为什么这些花迷们不能虚构一些属于自己的花圣传说呢？比如，我们可以虚构一位"大丽花圣者"的一生吧！我们就叫他圣·乔治好了。乔治是一位善良又虔诚的园丁，他经过了长期的祈祷与禁食修行之后，终于培育出第一朵大丽花。这个消息很快传到了夹竹桃爱好者——福洛辛派皇帝的耳朵里，皇帝十分恼怒，立刻派异教徒把乔治捆绑到皇宫内，怒吼道："你！给我跪下！马上跪拜我的夹竹桃！""宁死不屈！"乔治坚定地回答，"大丽花是我亲自培育的大丽花，而你的夹竹桃不过是寻常的夹竹桃。"皇帝龙颜震怒，立即下达指令："把他拖下去，给我剁了！"于是乔治被残酷地剁成了肉酱，皇帝又派人摧毁了他心爱的花园，并且在花园上洒满了绿色的硫酸亚铁和硫黄。谁能想到，乔治被剁碎的尸体竟变成了不同品种的大丽花：有形似牡丹、白头翁、新月、仙人掌和星星的，还有小球状、木樨草状、环叶状的以及道不清的其他形状。

---

1 大丽花，捷克语为 jirina，常用作女孩的名字。

连孩子都知道，秋天是收获的季节。但在园丁的眼里，秋天是植物繁殖的季节。和春天相比，秋天做事向来是高效率的。你见过春天的紫罗兰会长到三米高吗？你见过比树还高的郁金香吗？你看，这些都是实实在在发生的事情。如果你还不明白，那就试试在春天种下秋紫苑，等到了秋天，你会发现它们长成了一片两米高的原始森林！到时候，估计你都不一定敢进去，因为你担心一旦进去了，就找不到回家的路。你也可以试着在四月里种下向日葵，到了十月，你一定得抬头仰望它们金色的脸庞，或许它们还会笑着对你点头呢！而你这个小矮子，就算踮着脚尖，也别想轻易够到它们。

每一年，园丁都会像抱着小猫咪似的，捧着他的常绿植物在花园里寻找可以安置的角落，完工后总会心满意足地说："可算把你们都安置妥当了呀！"而到了下一年，园丁又会重复同样的话，再加上一声同样满足的感叹。园丁对花园的爱是无止无休的。从这个角度看，花园里无尽的活动，与人类其他活动是类似的：日复一日、年复一年，永不疲倦。

秋日之美

秋日之美，美在淡薄明澈。我可以想到许多关于秋的诗意片段：黛色的雾、逝者的灵魂、夜空的星象、血红的玫瑰、最后的紫苑、暮色里的光、墓园里蜡烛的焦味、干枯的枝叶或是伤感的往事……

但今天，我却想谈一谈我们捷克秋天的另一番美景，带着我所有朴实无华的赞美，这个美景就是——甜菜。

在这片生养我们的波希米亚土地上，没有任何作物的产量比得上甜菜。通常，谷物储存在谷仓中，土豆储存在地窖里，甜菜却像小山一样堆起来。它在山上发育成白色的块根，长大后被挖出来，送到山下的乡村火车站旁，等着货车把它们运到不同的地方，一车车接连不断。从早到晚，男人们都在堆甜菜，越堆越高，高得就像金字塔。地球上其他国家的农产品，被传送到人们餐桌上的方式各式各样，而捷克的甜菜，却只是去往一个地方：不是最近的火车站，就是最近的糖厂。甜菜的产量是如此巨大，与其说像大游行，不如说像是军队在行军：一个旅、一个师，甚至一个军团的规模。它们井然有序地放置着，像一个巨大的几何形状，呈现出崇高的艺术之美。强壮的男人们将甜菜堆积成一座宏伟的丰碑，又像一座高大的建筑物，这可都是甜菜农的杰作！有些城里人也许不喜欢甜菜园，但不可否认的是，秋天里，甜菜就是标志性的丰收象征，正如甜菜金字塔让人叹为观止，是对这块肥沃土地无私哺育的致敬。

请允许我为秋天唱一首赞歌，表达我对秋天最谦卑的赞美。我知道你家并没有田地，你也不懂如何收集一堆甜菜头，把它们聚成金字塔，但你总在你家的花园里施过肥吧？当工人开着车，把那一整箱还冒着烟的温热肥料堆到你家门口时，你会睁大眼睛仔细地瞧、张开鼻孔细细地嗅、咧开嘴由衷地赞赏说："上帝保佑，这是一堆不错的肥料。"

"看起来还不错，"有人补充说："就是密度不够，有点稀。"

"这些都是稻草，"又有人不满意，"里面没有足够的粪便。"

"说实话，你们这些家伙，一看粪肥来了，只会捂着鼻子远远绕开，不敢靠近这堆柔软而有益的肥料，干脆去做别的事好了，不要在我这里指指点点，你们根本不知道什么才是植物喜欢的养料！"你忿忿不平地说。

后来园丁把这堆肥料均匀地浇在花圃里，人们隐隐有了这样一种感觉：园丁变废为宝，为地球做了一件好事。

十月的大树，树叶渐渐掉光，露出光秃秃的枝干，看起来有点像扫帚，又有点像盖房子用的脚手架，但看上去并非完全绝望。这棵秃树上还有最后一片叶子在风中摇曳，它就像战场上迎风飘扬的旗帜，紧紧握在最后一位即将牺牲的士兵手中。虽然我们倒下了，但我们还没有投降，我们的精神旗帜仍在飘扬！

尚未投降的还有菊花。她们看起来轻盈又充满活力，就像从白色或粉红色泡沫中绽放出的；她们的模样娇俏可爱，像穿着蓬蓬裙的小女孩。亲爱的太阳公公，你是赖床了吗，怎么还不出来？清晨的迷雾，快让我辨不清方向了；淅淅沥沥的雨珠砸得我身上有些疼了，天气越来越冷了……没关系，跳完这一场寒风中的舞蹈，我想我们也该休息了。只有人类才会抱怨环境的恶劣，我们菊花反倒懂得顺其自然。

有趣的是，人们的信仰也会随着季节的转换而变化。夏天，人们可能成为泛神论者，认为自己是自然界的一部分；但在秋天，人们认为自己只是一个人，不属于任何群体。即使不用十字架标记在我们的前额，我们也会慢慢地重新做人。每个家庭的炉火都是为敬神而燃烧，顺便温暖了自己。人们对家庭的爱，犹如对闪光繁星的崇拜，永不泯灭。

我知道，这个世界上有许多不错的工作，例如报刊编辑、在议会里为选民服务、在董事会中列席或签署官方文件。尽管这些工作具有不同的迷人特性，让众人向往，但它们都无法与握着铲子培育花草相提并论。因为做其他工作的人没有园丁那样如雕像般庄严的、具有可塑性和纪念意义的姿态。站在花圃前，一只脚蹬在铁锹上，一只手擦着额头的汗水，一边气喘吁吁休息，这时的你，看起来就像一座具有象征意义的雕像。如果你再将身上的泥土拍打干净，在脚下摆一个基座，上面镌刻上"工作胜利"或"大地之主"之类的题词，那就完美了。我之所以会这么说，是因为现在正值十一月，又到了用铁锹翻土的时刻了。

是的，到了十一月，土壤就需要翻转和透气。用铲子将土壤铲松再举起来的感觉，就像正在享用美食，用勺子挖起一勺好吃的东西，诱发了人的食欲。土质优良的土壤，就像一道美味的佳肴，不会太油腻、太重，不能太冷、太湿，更不能太干、太黏或太硬，它应该像面包、姜饼或是发酵的蛋糕，柔软而蓬松；它要像沙子一般细腻，不需要用工具再研磨；它会听话地在铁锹下开裂；但也不要踩躏它把它压扁；它具有完美的透气性和排水性。当你用铁锹来搅拌它时，它会高兴地发出"啧啧"的声音，并分解成块状物和精细的粉末。质地优良的泥土简直是美味可食的，受过良好教育，且具有高贵品行，深厚又温暖，透气而酥软。简而言之，优质的泥土，就像好人一样，就连伊甸园的泥土也不见得能和它相比。

醒醒吧，园丁，你还得继续照顾花园呢！即便是秋天，也有植物移栽的工作等着你去做呢！首先，你要在灌木丛或小树周边尽可能深地嵌入铲子，力气不够的时候可以用脚踩着铁锹向下，然后用力将下面的泥土翻上来。有时候铁锹会"哐啷"一声裂成两半。有的家伙——

主要是评论家和公众演讲人，非常喜欢谈论有关"根"的话题，例如他们宣称我们应该回归"根"本，有些罪恶要连"根"斩除，或者应该深入到某个问题的"根"源。空话谁不会讲？我倒是很期待他们要怎么将一棵三年树龄的树连"根"拔起。我想亲眼看见安奈·诺瓦克先生[1]如何将铁锹深入小灌木的根部泥土；我也想观察一下，兹德奈克·涅耶德利先生[2]会如何将一棵老杨树连根拔起。我猜，经过一番苦干，他们会重新摆正身姿，但只会吐出一个词。我敢打赌，那个词就是"地狱"！因为我自己也曾尝试过这么做，我承认：与植物的根系搏斗是一件苦差事，最好是把根留在它们原本所在的位置吧，它们很清楚——为什么想要把根深深地扎进土里，也许它们也根本不在意我们的想法，只想放任自己的根自由伸展，而我们园丁所能做的，不过是尽量改善土质罢了。

---

1 Mistr Arne Novak，捷克文学评论家，他擅长理论但不会创作文学作品。

2 Zdenek Nejedly，捷克历史学家、社会运动改革者。

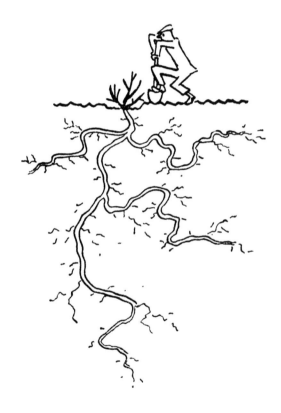

没错，改善土质。在十一月的萧瑟中，一车肥料看起来多么诱人！在寒冷的日子里，这一车肥料就像祭祀物一样，冒着热乎乎的烟。当肥料的烟气到达天堂时，上帝会深深地闻一下，并以内行人的认同口吻说："啊哈，这是一堆好肥料啊！"在这里，我们正好有机会谈论——神秘的生命循环奥秘：我们用草料喂了一匹马，它的粪便又可以当作玫瑰或是康乃馨的肥料。等到下一年鲜花盛开时，便会有人赞美上帝："谢谢上帝，赐给我们如此香喷喷的肥料。"人们无法形容它，只是感恩地接受它的赠予。其实，园丁早就嗅到了这无与伦比的肥料香味，因此他一边小心地闻着，一边认认真真地把这份上帝的礼物分配给整座花园，就好像父亲在孩子的面包上抹上果酱。"过来这里，布度林奈克[1]！享受你的美餐吧！""喊你呢，海洛特[2]小姐姐，我会给你一整堆肥料作为奖励，因为你盛开时真的很漂亮！""别着急！小灰毛菊，看，你可以得到这块漂亮的棕色马粪！""还有你，爱吃醋的夹竹桃，我会为你堆一座柔软的稻草床，好好休息吧。"

为什么要皱起鼻子，我的朋友们？你们难道不喜欢这种美妙的味道吗？

1 Budulinek，捷克男孩名字，出自捷克民间童话，这里是对花儿的爱称。
2 Herriot，法国玫瑰品种名。

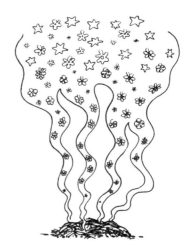

请给我再多一点时间，我想在十一月结束之前，为我心爱的花园提供最后一次服务：等几次秋霜结束之后，我们先弯折玫瑰，在茎秆上铺一层厚厚的泥土；在花圃上细细铺一些芳香的云杉枝干，最后加上一层绿色针叶做的被子，它们可以用来遮挡风吹雨雪。忙活完这些，我们就可以上床睡觉说晚安了。通常人们还会把园艺工具藏在树枝下，比如折叠小刀或者橡皮管子，等等。等来年开春我们把"被子""床铺"都移开之后，就会在原地看到这些东西。

不过，十一月还不会就这样结束，很多植物还没停止开花呢！拥有淡紫色眼眸的紫菀还在闪闪发光；另一边，樱花草和紫罗兰也在随风轻轻摇曳，倔强地不肯谢幕呢；印度菊（虽然名字叫印度菊，实际上是来自中国的一种菊花，生命力极强）仍然在阴冷潮湿的环境下盛放着，枣红色、金黄色、雪白色和石榴红色的花瓣，孱弱丰盈，在深秋还能熠熠闪烁；还有娇弱高贵的玫瑰也坚持到了最后一刻——玫瑰女王，你开了六个月的花，真是当之无愧的花中皇后。

不仅仅是花儿们还没完全谢幕，叶子们也竭尽全力地散发自己最后的光彩：它们在秋天是金色、红宝石色、橘黄色、褐红色，甚至血腥的棕色；红色、橘色、蓝色和黑色的浆果都已熟透；瘦削的树木伸展着深红色和黄色的枝丫……一切都还没有结束。即使大地被冰雪覆盖，仍会有深绿色的冬青、松柏以及挂着暗红色果子的深绿色橡树……生生不息，繁衍不止。

告诉你吧：死亡对于植物来说是不存在的，甚至我们所谓的"冬眠"也绝不仅仅是字面意思那样简单。对植物而言，生命是无休止的轮回，我们只是从一个时期过渡到另一个时期而已。我们必须对生命有耐心，因为它是永恒的。

像你这般，在浩瀚宇宙广袤天地中无一方土地的人，还是可以尽情地唱诵秋日的咏叹调。你若喜欢，也可以在花盆里栽种风信子或是郁金香的球茎，它们可能在冬天时被冻坏，但只要没有冻死——第二年的春天依然可以发芽、生长、开花。如果你有兴趣，可以这样做：

里，多买了几颗球茎，回家却发现泥土又不够了；你又跑到附近的园丁那里又买了一袋新的堆肥土，果不其然，你会剩下不少土壤，但你不想把它扔掉，所以宁愿购买更多的花盆和球茎……如此循环往复，直到你的家人再也无法忍受，甚至当面阻止你为止。就这样，你家的窗台、桌子上，壁橱、储藏室、地窖、阁楼里都摆满了花盆。现在你终于可以放松点了，满怀期待地迎接冬季的到来。

先去苗圃老板那里购买自己喜欢的球茎；在附近的园丁那里买一些，或者借一些优质的堆肥土；接下来，你需要搬出地窖或者阁楼里所有空的旧花盆，在每个花盆里放而且只能放一个球茎；最后你会发现，你仍剩有一些球茎，但空花盆没有了；于是你只能再买些花盆，然后你又发现，虽然你有空花盆和少量的堆肥土，却没有更多的球茎了；于是你跑到苗圃老板那

冬眠的秘密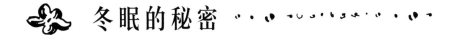

    毫无疑问，所有的迹象都明确表明，大自然已经进入了冬眠状态。凋零的黄叶，从桦树上缓缓飘零而下，只留下光秃秃的树干，美丽而哀愁。繁花落尽，一切尘归尘，土归土。大地散发出腐朽的味道，什么都不用再多说：今年已经真真切切地结束了。小菊花，不要再白白浪费美好的生命了；小白莓，别再欺骗自己，冬日微弱的阳光可比不上三月和煦的春光。世界仿佛安静了，我们什么都做不了。孩子们，热闹的狂欢已经结束，凛冬将至，乖乖躺下来，是时候冬眠了。不，不，你说什么？你在想什么？搞什么鬼？你还没有回答我的问题！这能叫睡眠吗？我们每年都会说大自然进入了冬眠期，但我们从未近距离、仔仔细细地观察过所谓的冬眠是怎么回事。更准确地说，我们从来都没有从地下观察过全部的过程。如果我们想要真正地深入大自然，了解冬眠的真相，我们就要深入地下，从植物的根部开始观察。噢，我的天啊，这哪是睡眠啊！你能称这为休息吗？只能说，植物停止了向上的生长，因为它现在没空，正鼓足劲向下伸展根部，使自己深深地扎根于更深层的土壤里。你仔细地瞧，地面上枯萎的这些，只是植物没精打采的部分；但在地面之下，却是新发展出的好多嫩根；你再观察得认真一点儿，瞧瞧这些嫩根都争先恐后地钻哪儿去了——"啾啾""啾啾啾"，你听到它们努力向下开拓的声音了吗？什么？难道你没听到大地因为它们向下的鲁莽冲撞产生的砰砰爆炸声吗？报告司令！根的大军已经进入敌方内部，此时，夹竹桃侦察兵和风铃草冲锋部队正在进行激烈的肢体搏斗！很好，干得漂亮！继续战斗吧兄弟们，吹响冲锋的号角，我们马上就要达成目标。

　　看！土壤下面那些又洁白又脆弱又肥嫩的家伙，就是你以为冬眠的植物们，悄悄在地底下萌发出的幼苗和嫩芽。瞅瞅，它们长得多繁茂呀！假装已经枯萎衰败的草皮先生，你的秘密繁殖进行得如何了？一切都还顺利吧！你还要把秘密繁殖称为冬眠吗？得了吧，管它浪蕊浮花、草木摇落，你都不必悲春伤秋、寂寥无神。在你看不到的地下，冬日的计划正紧密有序地执行着。在这儿，还有这儿，新生的嫩芽正在生长；在那儿，还有那儿，新生命正在悄无声息地积蓄成长的力量。春天正一步一步筹划着它的推进活动，哪儿还有工夫冬眠呢，分明是一点儿休息时间都没有。你看，这是处心积虑的春天在今年最后的施工计划：在这边，地基正在搭建；在那边，管道有条不紊地铺设着；我们得继续向更深一层挖掘，决不能让寒冬的冻土阻挡我们的推进计划。在深秋开拓者

的努力下，春天设计师的绿色工作室已经初具规模。我们奋斗在一线的地下建筑工人，已经完成了秋季的设定工作。

　　如今，肥嫩的地下根系正在生长，球茎的顶部也在慢慢顶起。不是吧？难道要在这般萧条的环境下开出美丽的春之花吗？我们都以为春天是萌芽的季节，但实际上，如果我们一直关注自然界，就会发现真正的萌芽期早在深秋就已经开始了！我们不能否认，在传统意义上，秋天意味着一年的结束；但在某种更深层意义上，我们称秋天是一年的开始也不为过。秋天的叶子一片一片地从树枝上飘落，当然我也看到了，我只是想再强调一点，在地表之下，秋天也是植物萌新的季节。叶子枯萎，是因为冬天的脚步近了，而冬天之后，就是春天。为了迎接春天的到来，如毛细血管般纤弱的新根正在努力生长，所有的营养物质依旧在植物体内传送并向更深更广的地方展开。深秋的萧瑟不过是迷惑大众的假象，为了掩饰真正的秘密——在地下不愿被打扰的生长。

　　我们总说，大自然进入冬天之后睡得太香

了，是因为我们通常看不到她秘密的劳作——孕育万物。她只是关闭了自己的商店，拉下了百叶帘，但在她身后，新货已经被园丁送来了，她正忙着拆箱，再把货品摆上货架，可是东西太多，货架都快要被压弯了。我的朋友，这才是真正的春天！如果现在不准备好，这么大的货物量，估计忙到四月都很难全部上架。未来是虚空的，它寄托在新抽的萌芽身上，与我们共存。虽然我们没看到地面上的新芽，地下的新根却正在努力汲取养分生长呢！我们也看不到未来，因为它就在我们的四周。有时候我们觉得闻到了腐烂的气息，是因为我们仍被过去的习惯所蒙蔽。但是如果我们能看一看有多少雪白稚嫩的新芽正从腐朽的土壤里冒出脑袋，看一看种子的发芽过程，看一看死去的植物又是如何焕发新生、抽枝开花的；再想想神秘的未来又是以怎样的方式、怎样的速度来到我们身边的，我们就不得不承认——伤春悲秋，尽是庸人自扰的结果。人生最美好的事便是活着，而活着，我们都要不断成长。

园丁的十二月

嗯，花园里一年的故事快走到终点了。直至目前，园丁曾用铲子挖地、松土、翻土、施肥、将泥炭和煤烟灰洒到土壤上，然后播种、栽培、移植、分埋球茎、在冬天来临前摘下苹果、浇水、除草、给植物盖上树枝保暖、在植物周围堆上泥土……这些都是园丁在二月到十二月之间所做的，而现在，植物被盖上了厚厚一层积雪，他才猛然想起：自己还没有好好欣赏过这些植物呢。抓紧时间看看吧，不然就真的没有机会了。夏天，他跑去看龙胆开花，一边跑一边却想着哪里需要停下来除除草；他正准备欣赏飞燕草，但先想到的是给它搭个牢固的支架；紫菀花开放，他忙着用桶给它浇水；夹竹桃绽放，他正在地里专心地拔草；玫瑰怒放，他虽然左看右看，注意力却集中在琢磨怎样剪掉侧面的树枝和枯叶上；菊花开了，他正在挥动着锄头帮它松土……园丁一刻也没有闲着，更顾不上赏花，你究竟想怎么样呢？休息一下不好吗？什么时候你才能悠闲地在花园里踱步，欣赏自己的劳动成果呢？

感谢上帝，现在一切终于结束了——等一下，好像还有什么工作没完成！后面的那些泥土像铅块一样坚硬，这株矢车菊还要移植到其他地方去。"已经开始飘雪了，我要抓紧时间，没空招待你了！"勤劳的园丁啊，你能不能放下手中的工作，第一次认真仔细地欣赏一下自己种植的花园呢？

这个盖了一层雪的、黑乎乎的东西是枯萎的石松；那株干草茎是蓝色耧斗菜；这一堆枯叶子是泡盛草；看那边，那是一片紫菀；这片光秃秃的地方，原来长的是橘色金梅草；那堆雪下面盖着的，可能是瞿麦……没错，就是瞿麦！这些干枯的枝叶，八九不离十是海棠。

唉，太冷了！这么冷的天，人们根本没有办法怡然自得地欣赏花园。

好吧，在一年的终点之际，让花园安逸地睡在棉被一样厚的积雪下面吧。我回去给炉子点个火，再考虑考虑其他事情也不错。桌子上摆了好几本我们一眼都没看过的书，让我们重新拾起这些书吧；我们还有很多的计划和担忧的事，也开始着手去做吧。不过，花圃里都盖好针叶树枝了吗？火炬花上的覆盖物，树枝或土壤是否足够呢？没有忘记给剑兰盖上"被子"吧？杜鹃花不会被冻坏吧？毛茛属植物的块茎被冻伤，不会发芽了怎么办？要是没有安排好，就还得移植或改种……等等……我先去查查去年邮差送来的植物价目表。

寒冬里的十二月，我们只能从密密麻麻、形形色色的园艺手册中寻找园丁的身影。此时此刻，园丁独自坐在玻璃窗内温暖的炉火旁，戴着眼镜，整个人都沉浸在——当然不是肥料或花圃覆盖的枝叶上，而是园艺手册、传单、小册子和专业书籍中。他在资料中发现：

一、那些最珍稀、最懂得感恩、最不可或缺的植物，在他的花园里依然没有。

二、他的花园中的，大都是"非常娇弱"和"容易枯萎"的植物；或者他在同一块小花田里，同时种植了一种"极需要水分"和一种"需要防止过涝"的植物；又或者，他竟然把"喜阴"的植物种在了阳光丰沛的地方，或者把"喜阳"的植物恰恰种到了阴凉处。

三、"值得更多关注"的物种和"花园必备"的物种，或者是"最新培育的超级新星品种"植物，竟有 370 种，甚至更多。

园丁在十二月里阅读完所有的园艺资料，通常会变得忧虑悲伤。他担心由于霜冻、湿冷、干燥、暴晒和阴霾，众多植物可能熬不过这个寒冬，一株株地死去。园丁因此必须提前想好对策，如何帮助这些想要活到下一个春天的植物。

接下来，他发现，就算尽可能减少植物死亡，自己的花园里也无法栽种那 60 种——资料中所说的"最必备、最珍贵、最无与伦比、最新培育出的"植物。园丁想到这点就几欲拍案而起，这些空缺，肯定是要想办法弥补才行啊！在那一刻，园丁对他十二月的花园里所栽种的植物完全没了兴趣。得不到的永远是诱惑，现在他满心思就是要带回那些他没有的品种。他一头钻进林林总总的园艺资料中，开始查找并标记他需要订购的所有东西，看在上帝的分上，他的花园里绝对不能没有这些可爱的小家伙。第一轮筛选中，园丁选出了 490 多种植物，想不惜一切代价购买——但精确地计算出需要的花费后，他的情绪低落了，内心似乎在滴血，他开始取消其中可以放弃的植物。就这样，园丁被迫痛苦地取消了五次，直到剩下所谓"最必备、最珍贵、最不容错过"的大约 120 种。他高兴得快要飞起来了，趁着情绪高昂，立即打电话下单："请务必在三月初将它们送过来！"放下电话后园丁又坐立不安："上帝啊，如果可以立即穿越到三月该多好。"他那时像热锅上的蚂蚁，急得团团转。

没错，新奇花朵的诱惑已经让园丁失去了理性的判断能力，因为到了三月份，他会发现：即使尽了最大的努力，还是没法在花园里找到超过两三个——他可以种植这些新品种的地方。更有意思的是，这寥寥的几块空地还都在灌木丛后面的栅栏后面。

把这些主要工作，就是大家刚才看到的冬季事务做完后，园丁开始感到了无生趣，难以忍受。"一年之计在于春"，他掰着指头，慢慢地数，看看春天还有多久。因为离真正意义上的春天还远得很，他会自动减去十五天，因为"二月桃花发"，说春天从二月开始也没有错。可我们拨弄不了时间的转轴，只能无能为力地等待。空虚的园丁，想要让自己做点不一样的事，于是他开始在沙发上、躺椅上、床板上滚来滚去——如果他能像植物那样睡上一整冬，醒来就是春天，就好了。

百无聊赖地熬过半个小时后，他突然一跃坐起，原来是抓住了流星般在脑海中一闪而过的新点子——花盆！我可以在花盆中栽种各种植物啊！于是，他的眼前仿佛出现了一副旖旎的热带雨林画面——棕榈树、龙血树、紫露草、天门冬、君子兰、芦笋、含羞草、叶兰、秋海棠……

我要把家里的门厅变成一个赤道丛林，盛开的鲜花可以放在窗户旁边，高大的藤蔓会从楼梯上自然垂落。园丁一边构思，一边快速地环顾四周，他看到的不是自己居住的房子，而是一片天堂般的原始森林，他将在这里创建出他想要的场景。于是，他飞奔到街角后面的苗圃老板那里，把蓝图里的植物统统抱回了家。

竭尽所能地把植物带回家后，他却发现：

他把花盆都摆在客厅时，这个画面看起来不像赤道雨林，更像是一个小小的陶艺花盆店。

他也不能把花盆摆在窗台上，因为家里的女主人强烈反对，没了好脸色——窗户是用来通风的，如果把花盆都搬过去，就打不开了。

他也不能把东西摆在楼梯上，泥土会弄脏楼梯，水也会溅得到处都是。

他更不能将门厅变成热带原始森林。无论他来软的哀求还是硬的咒骂，女主人都坚决不肯让步。好吧，就让严冬的冷空气呼呼地吹进来吧！

最后，园丁只能把他的宝贝植物们搬进地窖里。他一边搬运，一边安慰自己说这样至少宝贝植物们不会被冻死。然而，新一年春天开始了，他就立即冲到户外，在温暖的土地上劳作，完全忘记地窖里的植物。

　　当然，就算是这样，也不妨碍园丁在下一个十二月，仍然想将他的家改造成一个有新花盆的冬季花园。如果换个角度想想这件事，倒可以说明：大自然的生命是永恒的。

关于园艺生活

有句谚语这样说："是时间造就了玫瑰。"这句话充满深意。我们暂且不说到了六月份、七月份玫瑰才会开花，光说它那美丽的花冠，不用三年时间绝对长不出来。而我们总结出这些规律，则用了更长的时间。换句话说，时间成就了橡树，时间成就了桦树，也是可以的。

我以前栽过几棵桦树和橡树，种的时候我信誓旦旦：它们以后肯定会长成一片白桦林，那边肯定能长出一棵几百年的老橡树。然而两年时间过去了，橡树不见踪影，更不要说桦树林了。我觉得我真的需要等好长时间，也许长到我的生命都不够用。但我们园丁的精神之一就是要有耐心。在我的花园里，长着一棵和我差不多高的黎巴嫩西洋杉树，据专家说这种树最高可以长到一百多米高，十六米粗。哇，太棒了！我由衷地希望我的这株小树苗真的可以长到高耸入云。如果我有幸能够活到它长大的时候，亲眼见证自己的劳动成果，那该有多好啊。也许到那个时候，我的腰围也会长到二尺六粗。没关系，我会耐心等待的。

拿草皮举例来说，如果你播种得比较好，没有被麻雀啄食，两个星期后，你就应该能看到它们发芽了；到了第六个星期，你就需要割草了。英国草皮和其他草皮不太一样。我知道一个关于种植英国草坪很好的窍门，它类似于秘制的酱料食谱——这可是我好不容易从一位"英国乡村贵族"那里打听来的。听说，曾经有一位美国的百万富翁告诉这位贵族："尊贵的先生，如果你告诉我用什么方法可以让这草皮种得像你花园中的那般完美——如此苍翠、浓密、新鲜、坚固、整齐，像天鹅绒般闪烁着动人的光泽……那么，你可以向我开出任何价格。""这很简单啊，"这位英国乡绅贵族不紧不慢地说道，"首先，你必须把土挖得深一点，翻搅均匀，泥土必须富含营养且水分饱满——不酸、不油腻、不沉重、不硬，也不能稀，然后把腐殖土压得像桌面一样平整。接着你播种，认认真真地拍平土，按时浇水，等小草长大后，你必须每周按时割草，刚割掉的草茎要用扫帚清理干净，还要滚平草皮。就这样，你每天浇水、喷水、洒水，务必让土壤和空气中都水分充足。如果你这样坚持三百年，你将拥有和我一样完美无瑕的草坪。"

除此之外，你也可以多试试、比较一下不同品种的玫瑰，观察它们的幼苗、茎叶、花冠、花瓣和其他部位都有什么区别。除了玫瑰花，你可以尝试的植物还有许多，多到可以列一张长长的清单：郁金香、百合花、鸢尾花、飞燕草、康乃馨、风铃草、泡盛草、紫罗兰、夹竹桃、菊花、大丽花、剑兰、芍药、紫苑、樱草花、白头翁、褛斗菜、龙胆花、向日葵、萱草、罂粟花、金杆花、毛茛、虎耳草、金梅草、酢浆草等。而且，每一种植物都有至少12种以上的亚种、变种和杂交种，每一种都有不同的形态，值得你去尝试。除此之外，我还想要在这张清单上再加好几百种植物，幸亏它们的变种比较少，每一种植物只有3到12个变种罢了。我们还要多留意高山植物、水生植物、球茎植物、耐阴植物、常绿植物以及石南、羊齿、桂花等，如果把这些全都加进我们的清单之中，我们就会得出一个特别夸张的数字——一千一百年——一个园丁至少需要一千一百年，才能把这些植物全部观测、体验和评价完毕。这个时间只能多不能少。当然我可以给你打个折：你不一定要把这张纸上所有的植物全都看过一遍，虽然它们有科学研究的意义。但你既然这样做了，就一定要加快速度，每一天、每一分、每一秒都不能浪费。时光一去不回头，我们也不能停下脚步。你要记住，你必须得对你的花园负责。我是肯定不会把我的诀窍告诉你的，你需要亲自上阵，耐心地去探究每一株植物的秘密。

你可以说，我们的园丁生活是为了未来更美好。如果我们的玫瑰在今年盛开，我们会考虑，明年它将如何开得更好。十年之后，这棵我亲手栽种的小云杉，将成为一棵能遮风挡雨的大树。如果我还能活到那个时候，我想看看，五十年后这片桦树林会变成什么样子。说实在的，我真的特别想亲自去那时候看一看。最美好的事物永远都在未来向我们招手，我们必须努力地活下去啊！每过一个年头，花园里的植物都会变得更加茂盛、更有魅力。同时，我们也会发自肺腑地感谢上帝：我们又多活了一年！

译 后 记

　　感谢您读完了本书看到这里。刚开始接触这本书的时候，我刚结束在捷克的留学生活，在国内一所高校实习。捷克文学作品在中国传译的很少，所以我和我的捷克好友昂杰伊·费舍尔（安德鲁）都怀着感恩的心态来翻译这本《我有一个花园》。在翻译期间，困扰我们的主要问题是各种植物名称，我们用了捷克语、拉丁语、英语、中文，甚至是维基百科的词条链接，去搜索植物的图片或视频来进行交流解释；快结束的时候，很幸运，我顺利进入高校新任教师岗前培训，在成为一名合格的捷克语高校教师的道路上踏实地走着，安德鲁也结束了在台湾的教学工作，回到家乡捷克。人称教师也是园丁，一切的起承转合在意料之外，又在情理之中。但恰佩克的书对我的影响却还在深入持续。

　　这个时代的哈姆雷特太多：有人生而卑微却满腹才华，有人生而狂傲却徒有其表；有人可以投胎为豪门权贵，有人却只能成为冻死骨。我从未发现一个小朋友在他的髫龀之年能发自内心地感恩和珍惜所拥有的生活。休姆说以前太阳都是从东方升起，但是明天却不一定。我们的人生，一个从虚无来又回到虚无去的过程，一个通向累累北邙的线性高速。但有一点确定一定以及肯定的是，我们必须有一定的人生阅历之后，才可能体会这本书中最简单的"道理"。我们攥着空拳头从血肉娘胎里来，似乎想要大干一场；我们再摊开手掌什么也带不走地回到土地里去。我们想着赚钱，想着开拓人脉，想着如何在物欲横流的世界立足，常常忘记了最单纯的快乐：那些阳光、土壤、植物给予我们的——关于生命与爱的本质。

　　我们的付出和阅历，或者说，时间是理解这个"简单道理"的代价。你消耗肉身，期望成全你的灵魂。但是不管你理解还是不理解，迷茫还是清醒，混沌或者醒悟，你都必然地把肉体出卖给时光，有些人也许得到了升华，多数人还游弋在关乎生之本质的谜题中。艾比克泰德说，在这个世界上，我们都是囚徒，被囚禁在现世的肉体之内。而因为我们有了肉身，时间也成为另外一个纬度的枷锁，三万多天的并肩作战或者孤军奋战——或者还没走完漫漫人生路中道崩卒，不甚了了。在命运的剧情中，出生、教育、恋爱、工作、结婚、生子……一个潘洛斯循环的楼梯会永恒伴随，我已经无力推演出为何该如此地烧脑演绎。我的翻译搭档安德鲁形容得很好，恰佩克这本《我有一个花园》描述的不止是一年，是生命的永恒与重复，每天、每个季度、每一年都在不停地生长、孕育、凋谢、再生长……在文字影像中我们执迷于人生悲喜剧的无奈，在真实人生中我们挥霍、思索、付出。命运的必然和轮回的无尽，恰佩克在一百多年前就用园丁的姿态与幽默的态度轻描淡写。动人的作品源于真实，我相信他在花园里一月的焦灼、二月的等待、三月的忙碌、四月的迸发、五月的欣喜、六月的热情、七月的躁动、八月的忙碌、九月的收获、十月的凋零、十一月的沉寂、十二月的孕育……

庄子早就教育我们，秋蝉不可语冬，朝菌不可言晦朔。我这个只是游历了二十个国家、活了二十余载的少年，只能努力用文字爬上巨人的肩膀，去看这些巨人认识的世界，去体会不同海拔高度上的广度与深度。子非圣人，焉知圣人之高远。道可道，非常道。读完这本书，我突然很轻松，人生最美好的事便是一去不复返地活着。活着，我们就都要像花园中的植物一样成长；活着，享受阳光、空气、雨水；活着，单纯去爱。

曹　唯